OpenHarmony开发系列丛书

Open Harmony
编译构建和系统移植

组　编 ● 湖南开鸿智谷数字产业发展有限公司
主　编 ● 廖秋林　梁　栋
副主编 ● 胡玉鹏　满君丰　张细政
　　　　杨启彬　李传钊
参　编 ● 张　明　邓　娟　刘邦洪
　　　　蔡志刚　王　浩　陈浩文
　　　　谭　诚

湖南大学出版社
·长沙·

图书在版编目（CIP）数据

OpenHarmony 编译构建和系统移植 / 湖南开鸿智谷数字产业发展有限公司组编；廖秋林，梁栋主编 . -- 长沙：湖南大学出版社，2024.12. -- ISBN 978-7-5667-3837-0

I. TN929.53

中国国家版本馆 CIP 数据核字第 20248RL433 号

OpenHarmony 编译构建和系统移植
OpenHarmony BIANYI GOUJIAN HE XITONG YIZHI

组　　编：	湖南开鸿智谷数字产业发展有限公司
主　　编：	廖秋林　梁　栋
策划编辑：	方雨轩
责任编辑：	尹　磊
印　　装：	长沙创峰印务有限公司
开　　本：	787 mm×1092 mm　1/16
印　　张：	15.75
字　　数：	384千字
版　　次：	2024年12月第1版
印　　次：	2024年12月第1次印刷
书　　号：	ISBN 978-7-5667-3837-0
定　　价：	89.00元

出 版 人：李文邦
出版发行：湖南大学出版社
社　　址：湖南·长沙·岳麓山　　　邮　　编：410082
电　　话：0731-88822559（营销部）　88821343（编辑部）　　88821006（出版部）
传　　真：0731-88822264（总编室）
网　　址：http://press.hnu.edu.cn

版权所有，盗版必究
图书凡有印装差错，请与营销部联系

OpenHarmony 自 2020 年 9 月开源以来，在开放原子开源基金会的组织领导下，在产业界和学术界的大力支持下，OpenHarmony 已经成为智能终端领域发展速度最快的开源操作系统。截至 2024 年上半年，已经有 70 多家共建单位、7900 多名共建者参与，贡献代码 1.1 亿多行，660 多款软硬件产品通过 OpenHarmony 的兼容性测评，覆盖了金融、能源、工业、交通、航天、医疗、教育、政务等关键产业。华为公司基于 OpenHarmony 打造的 HarmonyOS NEXT 也已进入全面冲刺阶段，Top 5000 移动应用全面启动了原生开发。OpenHarmony 也已开始走向国际化，欧洲最大的开源组织 Eclipse 基于 OpenHarmony 发布了 Oniro OS；不久前，计算机系统领域顶级国际会议 ASPLOS 上举办了基于 OpenHarmony 的学术教程会。

星河璀璨，OpenHarmony 生态蓬勃发展，呼唤大批技术精深的开发者和研究者，加入 OpenHarmony 正当时！

值此 OpenHarmony 生态快速发展的关键时期，拓维信息集团子公司湖南开鸿智谷数字产业发展有限公司的产业与人才发展部教材研发团队围绕 OpenHarmony 程序设计、应用开发、编译构建和系统移植等方面编写了系列技术书籍，为广大 OpenHarmony 开发者和研究者提供了非常详尽的技术指导。该系列书籍从技术原理到操作实践，包含了大量的实践指导和示例，为广大读者学习了解 OpenHarmony 提供了便利。

祝愿广大读者在学习 OpenHarmony 的旅途上收获快乐，收获成就感。让我们携手共建共享 OpenHarmony 技术与人才生态！

陈海波
OpenHarmony 项目群技术指导委员会主席
2024 年 8 月

序二

SEQUENCE

　　以软件为核心的信息系统与物理系统、社会系统相互作用，形成人、机、物三元融合的系统新形态。操作系统是计算机系统的核心软件，不仅承载着物理硬件的抽象与管理，而且为应用程序的运行提供支撑环境。随着万物互联时代的到来，5G带来的高吞吐量、低时延，以及智能设备的多样化，传统单一操作系统已经很难满足新型应用场景的发展需求。日益增长的新型硬件、不同规模的计算模型对操作系统的发展提出了更高要求。长期以来，我国信息产业处于"缺芯少魂"的状态，操作系统作为信息产业之魂，如何在覆盖全场景需求下展现出强大的硬件处理能力，实现硬件互助、资源共享，构筑以操作系统为基石的应用生态，成为一个亟待解决的问题。这需要更多从业人员的参与和合作，让更多的组织融入操作系统生态的开发、维护和发展中。

　　开源为操作系统的研制、演化和维护提供了新的驱动力。2021年，"开源"被首次写入《中华人民共和国国民经济和社会发展第十四个五年规划和2035年远景目标纲要》，明确提出支持数字技术开源社区等创新联合体发展。国务院印发的《"十四五"数字经济发展规划》也提出支持具有自主核心技术的开源社区、开源平台、开源项目发展，推动创新资源共建共享，促进创新模式开放化演进。此外，中华人民共和国工业和信息化部制定的《"十四五"软件和信息技术服务业发展规划》也系统布局了"十四五"期间的开源生态发展。为了满足万物互联时代的系统管理需求，支持手机、平板、智能穿戴、智慧屏等终端设备的运行，华为研制了鸿蒙（HarmonyOS）操作系统，并于2020年、2021年分两次把该操作系统的基础功能捐献给开放原子开源基金会，形成了 OpenHarmony 开源项目。当前，开源、自由、协作的 OpenHarmony 已经成为整合各种终端设备、推动智能终端数字底座建设的有力助推器。

当前我国正在全面推进经济和社会的数字化转型，加快数字经济建设。这就要求从根本上改变核心关键技术受制于人的局面，逐步形成安全可控的信息技术产业体系。操作系统作为根技术之一，其自主可控无疑将是实现这一目标的关键。OpenHarmony 的诞生，不仅仅是我国开源软件建设的重大事件，也是在以 5G、人工智能、云计算与物联网为代表的新一轮科技革命与产业变革中的重要技术底座之一。如何培养面向 OpenHarmony 的创新人才，是教育界和产业界共同关心的问题。

本系列教材旨在为我国操作系统教学和人才培养尽绵薄之力。传统操作系统教材内容以 x86 指令集为主，面向单机平台，以宏内核架构为实例进行讲解，很难匹配以 ARM 为代表的嵌入式平台以及新兴的以 RISC-V 为代表的物联计算平台。面对计算机系统的规模和架构的多样化，OpenHarmony 以多内核、微内核、分布式、开源等特性应运而生。本书不仅梳理了 OpenHarmony 体系结构和技术知识点，而且还关注运行在操作系统之上的新型应用的开发、运行和管理支撑技术及平台。本书内容通过理论与实践相结合，强化实际案例的分析，将相关知识映射到真实系统中，从而帮助读者建立对 OpenHarmony 操作系统的系统性认识，学习和掌握 OpenHarmony 的优秀技术特性。本书还提供了课程案例源代码、习题测试等配套的教学资源，以帮助读者更好地开展学习和实践。

面向未来，开源操作系统生态的建设需要更多合作伙伴、软件开发者的加入，携手打造繁荣的开源社区，构筑充满活力的商业市场，培养健康的开源生态。"万物互联时代，没有人会是一座孤岛。"期待未来有更多人从事 OpenHarmony 及其衍生系统的研发工作，参与 OpenHarmony 的生态建设，开展基于 OpenHarmony 的应用开发。

毛新军

中国人民解放军国防科技大学

2024 年 7 月

为什么写本书

目前，各行业各领域还处于设备智能化、网联化的初级阶段，严重的碎片化导致设备与设备间连接、通信复杂，效率低下。因此，业界急需一款能够覆盖全场景、多终端的基础操作系统，可以渗透到生活的细节里、产业的深层中。面向这个确定性未来，华为在 2020 年、2021 年分两次把 HarmonyOS(鸿蒙操作系统) 的基础能力捐献给开放原子开源基金会，由开放原子开源基金会整合其他参与者的贡献，形成了 OpenHarmony 开源项目。

从 2020 年 OpenHarmony 开源项目形成以来，这款诞生于华为 HarmonyOS、面向万物互联的操作系统就备受期待。四年来，开源、自由、协作的 OpenHarmony 已经成为加快建设各行业、各智能终端数字底座的有力助推器。

如今，OpenHarmony 正在构建面向消费电子、商用电子、工业电子市场终端设备生态，为包括个人消费、智慧城市、医疗、金融、能源、商业物联网、航空航天等在内的行业提供统一融合的数字化创新基础平台，其能力覆盖家居、出行、运动健康、娱乐、办公、教育、社交购物、工业生产等智能化场景。从我们熟悉的手机、家电、平板与个人计算机、电视大屏、汽车，到市政照明、暖通、电梯等行业终端，都可以成为 OpenHarmony 的舞台。

每个人、每台设备都是万物互联的一部分，OpenHarmony 的这一优势能力与万物互联时代相辅相成。本书的愿景就是让更多人了解

OpenHarmony 设备开发，并参与到 OpenHarmony 生态建设中。

路还长，雨还大，但同路人会越来越多，穿越风雨之后的美景令人期待。

本书的组织结构

本书的章节安排，由浅入深，从总体框架再到细节实现，让读者在学习中潜移默化地理解 OpenHarmony 设计理念和实现原理。本书分为 8 章，各章主要内容如下。

- 第 1 章　OpenHarmony 系统简介：主要介绍了 OpenHarmony 发展历程、时代意义、技术特性和架构、系统类型和版本、开发方向和优势，旨在让读者对 OpenHarmony 有一个整体上的初步认识。

- 第 2 章　搭建 OpenHarmony 开发环境：由于 OpenHarmony 设备开发提供了基于 IDE 和命令行两种开发方式，而且环境搭建的步骤也比较烦琐。因此，本章分别介绍了这两种方式下开发环境的搭建过程，并分别基于两种方式来开发第一个 OpenHarmony 入门案例。

- 第 3 章　GN 和 Ninja 构建流程：OpenHarmony 编译构建系统基于 GN 和 Ninja，本章详细介绍了 GN 和 Ninja 的基础语法和构建流程，让读者了解 OpenHarmony 的系统构建基础知识。

- 第 4 章　系统裁剪和配置：OpenHarmony 整体遵循分层设计，支持根据实际需求裁剪某些非必要的子系统或组件，非常的灵活。本章从系统功能的角度介绍了 OpenHarmony 的系统裁剪和配置。

- 第 5 章　轻量级系统内核移植：本章介绍了 OpenHarmony 轻量系统内核 LiteOS_M 架构和移植步骤，并基于 STM32F407IGT6 芯片在拓维信息 Niobe407 开发板上移植 OpenHarmony 轻量系统内核，可以让读者体验如何让 OpenHarmony 轻量系统适配新的硬件设备。

- 第 6 章　轻量级系统子系统移植：本章介绍了 OpenHarmony 设备适配时需要关注的部分常见子系统，包括各子系统的移植指导和示例，让适配的硬件设备具备移植的子系统能力。

- 第 7 章　标准系统内核移植：本章介绍了基于 RK3568 芯片的开发板硬件资源和镜像烧录流程，并介绍了 OpenHarmony 标准系统内核移植和启动流程，让读者对 OpenHarmony 标准系统内核移植过程有一个深入认识。

- 第 8 章　标准系统驱动移植：本章介绍了基于 RK3568 芯片的富

设备从点亮屏幕到完成开发板的 XTS 认证最小集的驱动适配过程。本章内容具有较高难度，读者可以先学习 OpenHarmony 驱动开发和 HDF 驱动框架等相关知识，再来体验标准系统驱动移植。

本书特色

- 通过大量图片与实例引导读者学习，以求尽量在原理分析外为读者提供更易于理解的思维路径。
- 本书在展开一个话题时，通常会渐进式地进行条分缕析，使知识讲解更加通俗易懂，帮助读者快速掌握和理解相关内容。
- 本书所阐述的内容大部分来源于官方文档，并结合社区技术文章，以及编者对 OpenHarmony 的理解和实践，梳理和归纳了相关知识点，尽可能保障内容的准确性，做到真正贴近读者，贴近开发需求。

本书的读者对象

本书面向广大的系统开发工程师、设备驱动开发工程师、高校软件相关专业学生和对 OpenHarmony 技术感兴趣的其他从业人员、潜在的 OpenHarmony 生态建设参与者。

为了更好地阅读本书，读者应具备以下基础知识。

- 掌握 C/C++ 编程语言：本书涉及的 OpenHarmony 部分案例是使用 C/C++ 语言实现的，需要读者具备一些 C/C++ 语言基础知识和编程经验。
- 熟悉 Linux 系统：本书涉及的 OpenHarmony 编译环境是基于 Ubuntu 操作系统，会使用 Linux 系统中的一些常用命令和常规操作。
- 了解系统架构和移植：本书涉及 OpenHarmony 系统架构、子系统、组件等相关知识，以及包括轻量系统和标准系统内核移植和驱动移植等难点内容，如果读者具有一定系统架构和移植理论知识，则在学习相关内容时会取得事半功倍的效果。

由于编写时间有限，虽几易其稿，但难免会有疏漏和不妥之处，敬请各位读者在阅读本书时批评指正。

第 1 章　OpenHarmony 系统简介

1.1　OpenHarmony 是什么　/ 2
1.2　OpenHarmony 的时代意义　/ 4
1.3　OpenHarmony 技术特性　/ 6
1.4　OpenHarmony 技术架构　/ 11
1.5　OpenHarmony 系统类型　/ 12
1.6　OpenHarmony 版本　/ 14
1.7　OpenHarmony 开发方向和优势　/ 14

第 2 章　搭建 OpenHarmony 开发环境

2.1　基于 IDE 开发　/ 18
2.2　基于命令行开发　/ 56
2.3　快捷开发　/ 64

第 3 章　GN 和 Ninja 构建流程

3.1　基本概念及包含关系　/ 68
3.2　运作机制　/ 69
3.3　hb 工具使用说明　/ 70
3.4　GN 和 Ninja 的构建流程　/ 73
3.5　GN 和 Ninja 构建示例　/ 80
3.6　OpenHarmony 编译构建　/ 84

第 4 章　系统裁剪和配置

4.1　配置规则　/ 94
4.2　系统裁剪　/ 100

第 5 章 轻量级系统内核移植

5.1 LiteOS-M 内核概述 / 118
5.2 移植概述 / 120
5.3 基于 Hi3861 平台的 LiteOS-M 内核启动流程 / 122
5.4 轻量系统 STM32F407IGT6 芯片移植案例 / 127

第 6 章 轻量级系统子系统移植

6.1 移植子系统概述 / 160
6.2 移植启动恢复子系统 / 161
6.3 移植文件子系统 / 166
6.4 移植安全子系统 / 168
6.5 移植通信子系统 / 171
6.6 移植外设驱动子系统 / 175
6.7 移植验证 / 177
6.8 基于 Niobe 407 开发板进行子系统适配 / 179

第 7 章 标准系统内核移植

7.1 标准系统入门概述 / 190
7.2 RK3568 开发板介绍 / 190
7.3 入门案例 / 192
7.4 移植指南 / 203
7.5 标准系统内核移植和启动 / 205

第 8 章 标准系统驱动移植

8.1 图形驱动测试 / 214
8.2 图形 HDI 驱动移植 / 218
8.3 TP / 224
8.4 Wi-Fi 适配指导 / 228

第 1 章
OpenHarmony 系统简介

本章主要介绍 OpenHarmony 的发展历程、时代意义、技术特性和技术架构，以及 OpenHarmony 相应版本、开发方向和优势。OpenHarmony 的诞生，对国产开源软件产业的全面崛起具有战略性带动作用。OpenHarmony 是我国自主研发的面向未来万物互联时代的物联网操作系统，目前正在为各行各业赋能并讯速发展。OpenHarmony 提供了万物互联的统一开发平台，随着数字经济的高速发展，作为数字基础设施根技术的操作系统将成为数字变革的关键力量。

1.1 OpenHarmony 是什么

OpenHarmony（开源鸿蒙）是由开放原子开源基金会（OpenAtom Foundation）孵化及运营的开源项目，目标是面向全场景、全连接、全智能时代，基于开源的方式，搭建一个智能终端设备操作系统的框架和平台，促进万物互联产业的发展与繁荣。

当提到 OpenHarmony，可能很多人首先想到的是鸿蒙操作系统（HarmonyOS），但实际上，鸿蒙操作系统和 OpenHarmony 是有区别的。OpenHarmony 的发展历程如图 1-1 所示。

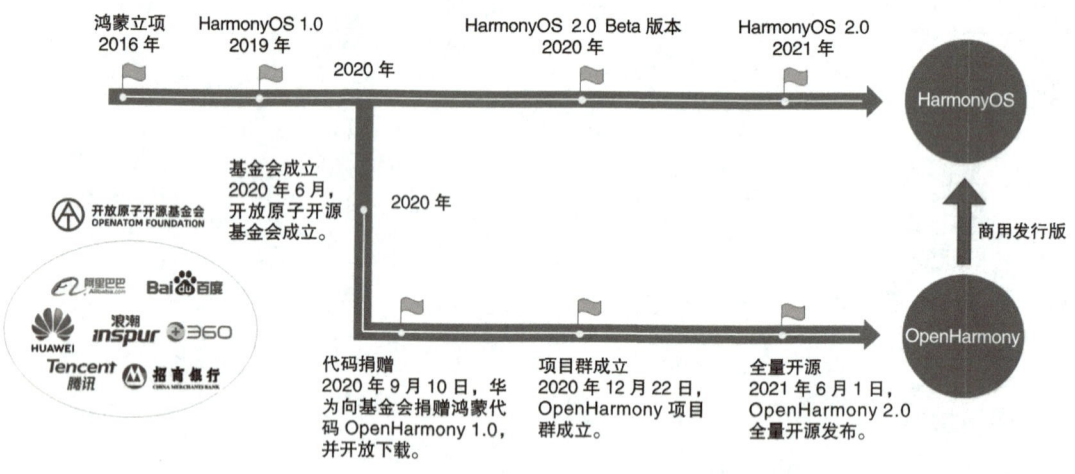

图 1-1　OpenHarmony 发展历程

HarmonyOS 是华为自研的操作系统，华为在 2020 年 9 月和 2021 年 6 月分两次将 HarmonyOS 的基础能力代码全部捐献给开放原子开源基金会，这是鸿蒙操作系统发展历程中的里程碑事件。开放原子开源基金会在接收到华为捐赠的代码之后，就遵循 Apache 许可协议把代码开源了，同时创立了一个开源项目，并将其命名为 OpenHarmony，其 logo 如图 1-2 所示。因此，OpenHarmony 是开放原子开源基金会孵化及运营的开源项目，HarmonyOS 是华为基于开源项目 OpenHarmony 开发的面向多种全场景智能设备的商用发行版。

图 1-2　OpenHarmony 的 logo

开放原子开源基金会是致力于推动全球开源产业发展的非营利机构，由阿里巴巴、百度、华为、浪潮、360、腾讯、招商银行等多家科技企业联合发起，于 2020 年 6 月登记成立，"立足中国、面向世界"，是我国在开源领域创建的首个基金会，其 logo 如图 1-3 所示。同类国际组织有 Apache 软件基金会（ASF）、软件自由管理委员会（SFC）、Linux 基金会、Eclipse 基金会等。

图 1-3　开放原子开源基金会的 logo

在华为捐出鸿蒙操作系统之后，华为成为 OpenHarmony 开源项目的开发贡献者之一。当然，华为还会继续为开源鸿蒙系统贡献开发成果。任何人、任何企业，只要依据开源协议，都可以自由使用开源鸿蒙系统，例如基于开源鸿蒙系统开发出面向特定行业、场景的商业发行版操作系统，就像 Linux 开源系统一样。OpenHarmony 连接开发者和终端设备合作伙伴，赋能千行百业，打造万物互联的世界，如图 1-4 所示。

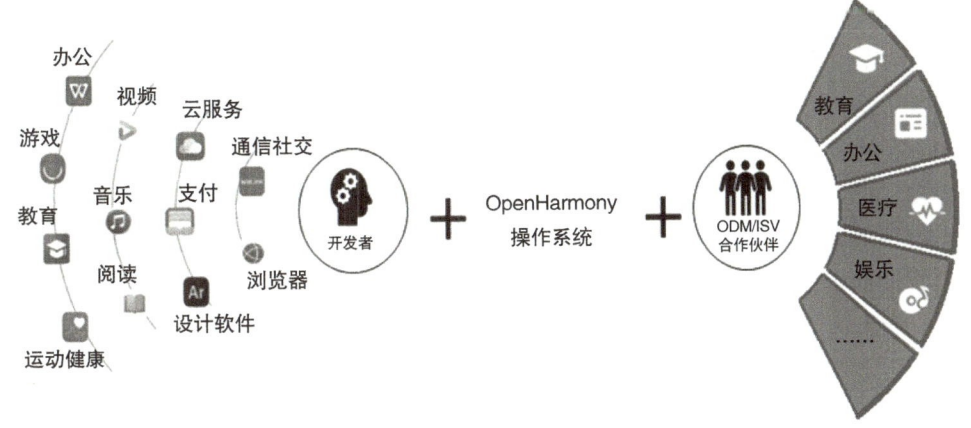

图 1-4　OpenHarmony 赋能千行百业

3

1.2 OpenHarmony 的时代意义

OpenHarmony 作为操作系统数字底座，契合了未来以生态为商业制高点的全球趋势，OpenHarmony 开源大旗的树立，对于我国构建可持续发展的自主开源操作系统生态有着前瞻性意义，下面从三个维度来阐述 OpenHarmony 的时代意义。

1.2.1 国家战略：鼓励根技术自主研发

随着数字经济的发展，作为数字基础设施根技术的操作系统成为数字变革的关键力量。而开源作为当前全球软件技术和产业创新的主导模式，越发受到各国的重视。2021 年，"十四五"规划首次把开源纳入顶层设计，明确提出支持数字技术开源社区等创新联合体发展。国家也制定相关政策法规推动国内开源产业不断发展，开源产业已成为新的热门领域。

《中华人民共和国国民经济和社会发展第十四个五年规划和 2035 年远景目标纲要》对开源与自主操作系统有如下明确规划和目标。

①聚焦高端芯片、操作系统、人工智能关键算法、传感器领域等关键领域；

②加强通用处理器、云计算系统和软件核心技术一体化研发；

③支持数字技术开源社区等创新联合体发展，完善开源知识产权和法律体系，鼓励企业开放软件源代码、硬件设计和应用服务。

OpenHarmony 是我国自主研发的国产开源操作系统，让我国在万物互联时代有了一个自主可控的基座，符合时代和未来发展的趋势，可以在关键时刻保障人民的利益和国家的信息安全。

1.2.2 解决现存操作系统碎片化问题

目前一些主流的操作系统，如 Linux、Windows 等 PC 和服务器端操作系统，Android、iOS 等移动端操作系统，μC/OS、FreeRTOS、RT-Thread 等嵌入式设备实时操作系统都是专门为某一类设备开发的，现有操作系统都存在无法解决的问题——物联网生态的碎片化。现在，随着技术的发展和设备成本的下降，可以接入网络的设备在数量上，特别是在种类上越来越多，已经不仅仅局限于计算机、手机、平板电脑等设备，智能穿戴设备、智能家居设备、汽车等皆可联网，我们已经进入了一个万物互联的时代。当然，这些设备的入网也确实给我们的生活带来了很多便利，但同时也带来了一个非常大的问题——物联网生态的碎片化。如果这个问题不解决，用户的体验很难得到进一步的提升。

那么导致"物联网生态的碎片化"的原因是什么呢？根本原因是操作系统碎片化。物联网时代的终端设备种类繁多、形态各异，硬件资源也有多有少，应用场景也千差万别；而且不同厂商生产的设备之间不能直接实现互联互通、资源共享，难以达到设备之间的协作互助。目前主流的操作系统无法在系统层面统一管理各种设备资源，导致学习和开发成本高、设备适配工作难度大等问题，如图 1-5 所示。因此也就不能满足用户对设备智能化的要求，以及设备规模日益增长的发展要求。

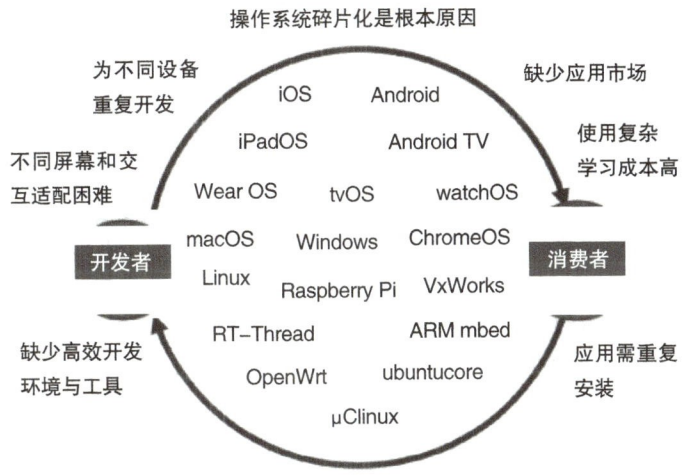

图 1-5　操作系统碎片化带来的问题

OpenHarmony 试图在操作系统这一层面解决物联网面临的碎片化问题。OpenHarmony 系统是一款面向全场景、全连接（万物互联）、全智能时代的分布式操作系统，是新一代操作系统——物联网操作系统。OpenHarmony 不仅能用在像电脑、手机这样硬件资源丰富的设备上，也能用在像智能门锁、温湿度传感器这些硬件资源非常有限的嵌入式设备上。在系统层面把不同类型的终端设备统一管理起来，无论设备是哪个厂商生产的，只要使用的都是 OpenHarmony 操作系统，就能够实现自发现、自组网、信息共享和协作互助。

1.2.3　行业意义

如图 1-6 所示，全球 IoT 设备每年发货数量呈逐年递增趋势，将远超智能手机的年发货量，预计到 2025 年，人均持有智能终端将超过 9 台，如图 1-7 所示。随着更多的机器和设备被互联起来，互联网将与更多的产业相融合，连接企业上下游，重构传统产业的业务链和产业链，形成产业互联网。在未来，数据的价值也会越来越高。

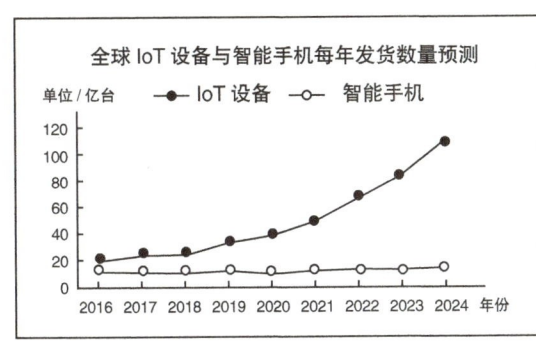

图 1-6　IoT 设备增长成为移动互联新引擎

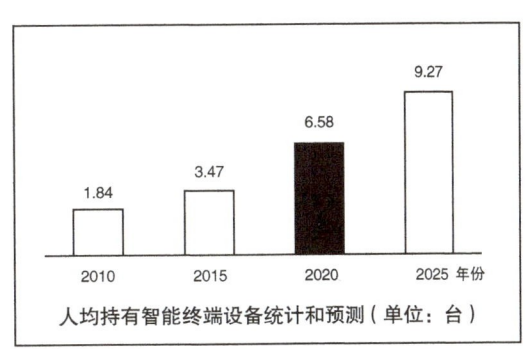

图 1-7　2025 年人均持有智能终端超 9 台

OpenHarmony 是一个泛终端操作系统，也是首个面向跨设备的操作系统，不但支持消费类电子产品，而且支持工业级的产品。开放原子开源基金会下属的"OpenHarmony 项目群工作委员会"在 2022 年预测：未来 5～8 年，OpenHarmony 的装机量将达到 20 亿台，其在手机操作系统中可以进入前三名，而在物联网领域也会进入前三名，开发者的数量将增加到 1000 万人以上，OpenHarmony 的市场规模预测如图 1-8 所示。

图 1-8　OpenHarmony 的市场规模预测

OpenHarmony 开源鸿蒙项目已经在教育、金融、智能家居、交通、数字政务、工业领域进行具体的应用并还在快速发展中。凭借不断增强的开放能力，OpenHarmony 开源鸿蒙项目赋能千行百业、加速我国的数字化转型。

1.3　OpenHarmony 技术特性

OpenHarmony 试图在操作系统这一层面解决物联网面临的碎片化问题，在传统单设备系统能力的基础上，提出了基于同一套系统能力、适配多种终端形态的分布式理念，能够支持手机、平板电脑、智能穿戴设备、智慧屏、车机等多种终端设备的统一和融合，向消费者呈现一个虚拟的超级终端界面，以提供无缝的、流畅的全场景体验。

首先从技术方面来看，OpenHarmony 具备如图 1-9 所示的三大技术特性。

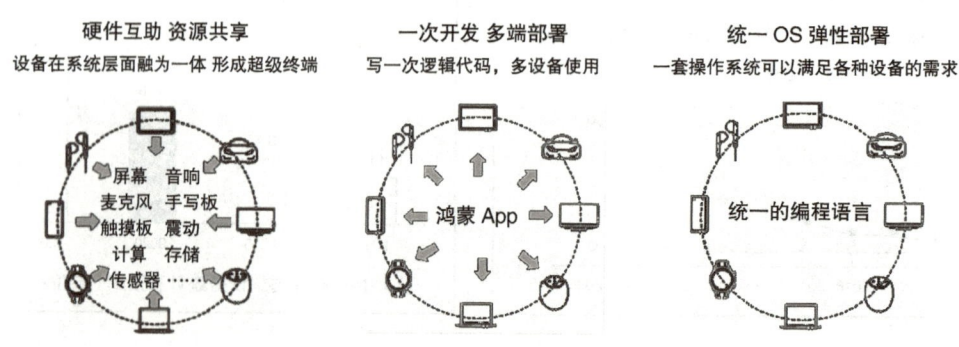

图 1-9　OpenHarmony 三大技术特性

1.3.1 硬件互助，资源共享

OpenHarmony能够快速连接不同终端设备，实现能力互助和资源共享，力图提供全场景的完美体验。它依靠分布式软总线、分布式设备虚拟化、分布式数据管理和分布式任务调度等技术，实现多种设备之间的硬件互助和资源共享，如图1-10所示。

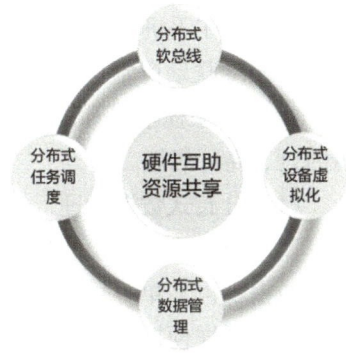

图1-10　硬件互助，资源共享

（1）分布式软总线

分布式软总线是智能手机、平板电脑、智能穿戴设备、智慧屏、车机等分布式设备的通信基础。它提供了统一的分布式通信能力，让设备之间可以互联互通。同时，它还为设备之间的无感发现和零等待传输创造了条件。这样一来，开发者就可以将精力集中在业务逻辑的实现上，而无须花费精力在组网方式和底层协议上。图1-11所示为分布式软总线的示意图。

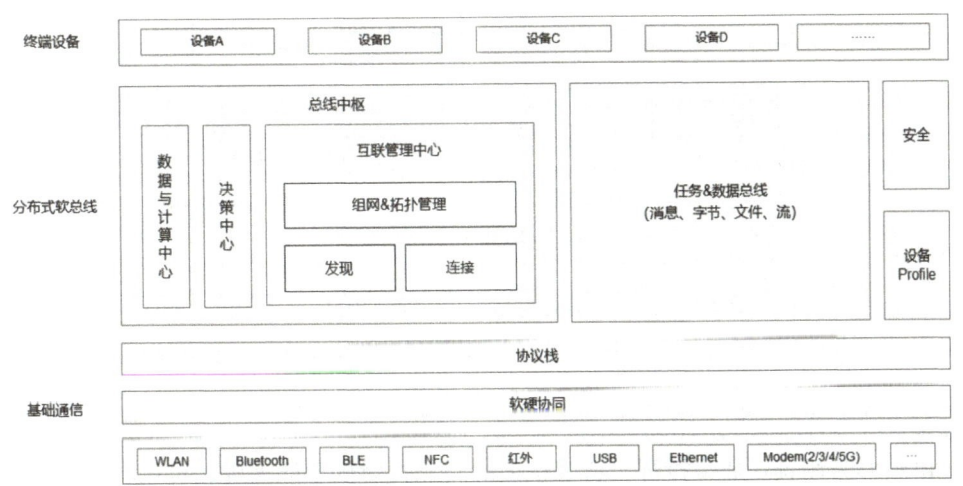

图1-11　分布式软总线

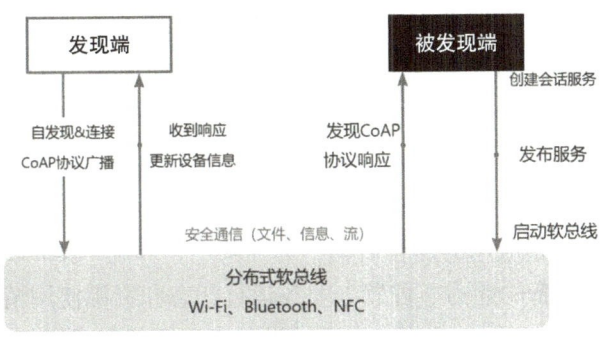

图1-12　自发现、自连接原理图

通过分布式软总线可实现自动发现设备的功能，用户无须等待即可实现自发现设备，并自动连接到同一账号的设备。此外，其具备的异构网络组网功能，可以自动构建逻辑全连接网络，解决不同协议之间的交互问题，如图1-12所示。

分布式软总线典型应用场景示例如下。

7

①智能家居场景：在烹饪时，手机可以通过轻碰与烤箱连接，并自动按照菜谱设置烹调参数，控制烤箱来制作菜肴。与此类似，料理机、油烟机、空气净化器、空调、灯、窗帘等都可以在手机端显示并通过手机控制。设备之间即连即用，无须烦琐的配置。

②多屏联动课堂：教师通过智能大屏授课，与学生开展互动，营造课堂氛围；学生通过平板完成课程学习和随堂问答。统一、全连接的逻辑网络能够确保传输通道的高带宽、低时延、高可靠性。

（2）分布式数据管理

基于分布式软总线的分布式数据管理具备分布式管理应用程序数据和用户数据的能力。用户数据不再与单一物理设备绑定，业务逻辑与数据存储分离。跨设备的数据处理与本地数据处理同样便捷，开发者可以轻松实现全场景、多设备下的数据存储、共享和访问，为打造一致、流畅的用户体验创造了基础条件，如图 1-13 所示。

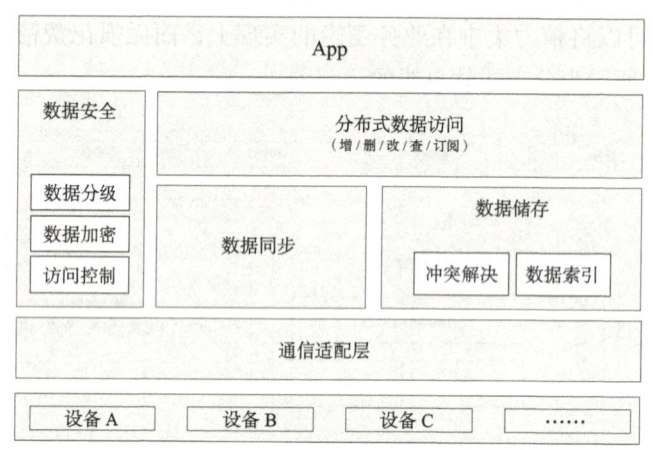

图 1-13　分布式数据管理

分布式数据管理典型应用场景示例如下。

①协同办公场景：通过投屏，将手机上的文档投射到智能大屏，可以在智能大屏上进行翻页、缩放、涂鸦等操作，而文档的最新状态也可以实时在手机上同步显示。

②照片分享场景：出游时，使用手机拍摄的照片，可以通过登录同一账号的其他设备，如平板电脑，更加便捷地浏览、收藏、保存或编辑，也可以利用家中的智能设备，与家人一起分享记录下的美好瞬间。

（3）分布式任务调度

基于分布式软总线、分布式数据管理和分布式配置文件（profile）等技术特性，分布式任务调度提供了统一的分布式服务管理机制，包括服务的启动、注册、发现、同步和调用等能力。同时，它支持跨设备应用协同，包括应用的远程启动、远程调用、绑定/解绑以及迁移等操作。此外，它还能够根据不同设备的能力、位置、业务运行状态和资源使用情况等因素，结合用户的习惯，智能分析用户的意图，选择最合适的设备来运行分布式任务，如图 1-14 所示。

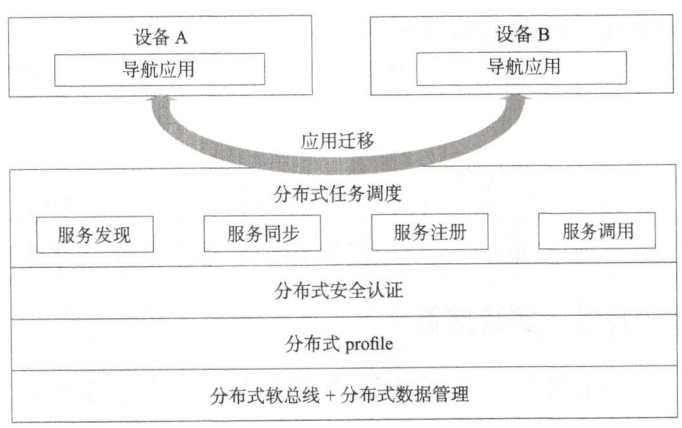

图 1-14　分布式任务调度

分布式任务调度典型应用场景示例如下。

①导航场景：驾车出行时，用户可以先在手机上规划好导航路线。上车后，导航路线自动迁移到车机上；下车后，导航又可以自动迁移回手机。如果是骑车出行，用户可以在手机上规划好导航路线，并且可以将导航信息迁移到智能手表上，以便随时查看导航状态。

②外卖场景：用户在手机上点外卖后，可以将订单信息迁移到智能手表上，随时监控外卖的配送状态。

（4）分布式设备虚拟化

分布式设备虚拟化平台可以实现不同设备资源的融合、设备管理和数据处理，从而形成一个超级虚拟终端，为用户提供多种设备的协同服务。该平台可以根据不同任务的需求，为用户匹配和选择适合的执行硬件，实现业务在不同设备间的连续流转。同时，该平台可以充分发挥不同设备的能力优势，例如显示能力、摄像能力、音频能力、交互能力和传感器能力等，如图 1-15 所示。

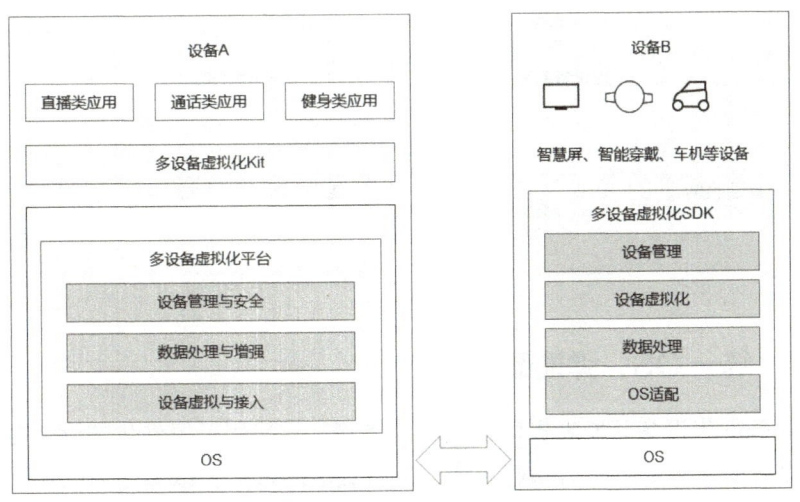

图 1-15　分布式设备虚拟化

分布式设备虚拟化典型应用场景示例如下。

①视频通话场景：在做家务时接听视频电话，可以通过将手机与智能大屏连接，并将智能大屏的屏幕、摄像头与音箱虚拟化为本地资源，替代手机自身的屏幕、摄像头、听筒与扬声器，实现一边做家务、一边通过智能大屏和音箱来视频通话。

②游戏场景：在智能大屏上玩游戏时，可以将手机虚拟化为遥控器，利用手机的重力传感器、加速度传感器、触控能力，为玩家提供更便捷、更流畅的游戏体验。

1.3.2 一次开发，多端部署

OpenHarmony 提供用户程序框架、Ability 框架以及 UI 框架，能够保证开发的应用在多终端运行时保证一致性，实现一次开发、多端部署。

多终端软件平台 API 具备一致性，确保用户程序的运行兼容性。

①支持在开发过程中预览终端的能力适配情况（CPU/内存/外设/软件资源等）。

②支持根据用户程序与软件平台的兼容性来调度用户呈现。

如图 1-16 所示为一次开发、多端部署的示意图。UI 框架支持使用 ArkTS 和 JS 语言进行开发，提供了丰富的多态控件，可以在不同的设备上显示不同的 UI 效果。采用业界主流的设计方式，提供多种响应式布局方案；支持栅格化布局，满足不同屏幕的界面适配能力，使得应用程序的开发与不同终端设备的形态差异无关，降低了开发难度和成本。

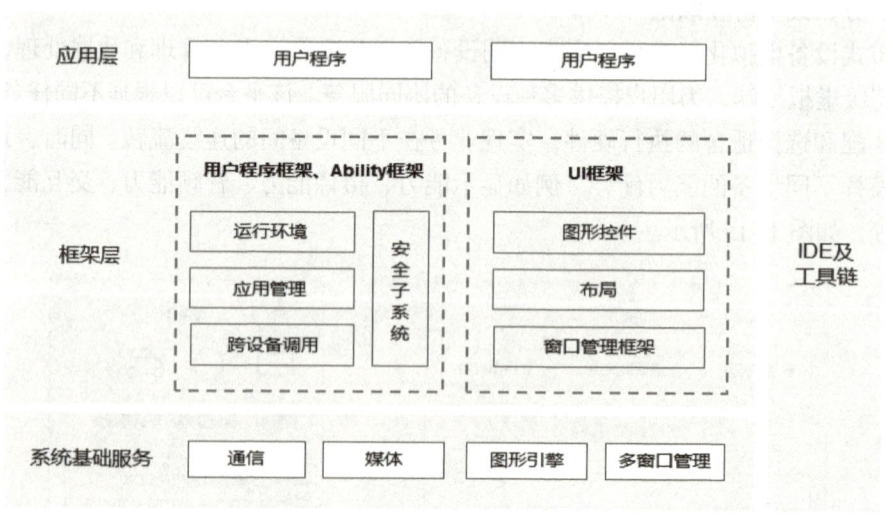

图 1-16 一次开发、多端部署示意图

1.3.3 统一 OS，弹性部署

OpenHarmony 为设备开发者提供了优质的体验。它采用了组件化的设计方案，使得设备开发者可以根据设备资源能力和业务特征进行灵活的裁剪，以满足不同形态的终端设备对操作系统的要求。此外，OpenHarmony 还采用了组件化和小型化的设计思想，支持多种

终端设备按需进行弹性部署，从而能够适应不同类别的硬件资源和功能需求。编译链关系可以自动生成组件化的依赖关系，形成组件树依赖图，从而有助于产品系统的便捷开发，降低硬件设备的开发门槛。

实际上，在 OpenHarmony 的架构实现中，引入了非常多的先进设计理念和创新技术，如微内核架构、统一的 IDE、方舟编译器、自研编程语言等。这些理念和技术让 OpenHarmony 具备了一个完整的、先进的通用操作系统所应该有的所有特征，从而可以满足生态建设和未来长远发展的需求。

1.4 OpenHarmony 技术架构

OpenHarmony 整体遵从分层设计，从下向上依次为内核层、系统服务层、框架层和应用层。系统功能按照"系统→子系统→组件"逐级展开，在多设备部署场景下，支持根据实际需求裁剪某些非必要的组件。OpenHarmony 技术架构如图 1-17 所示。

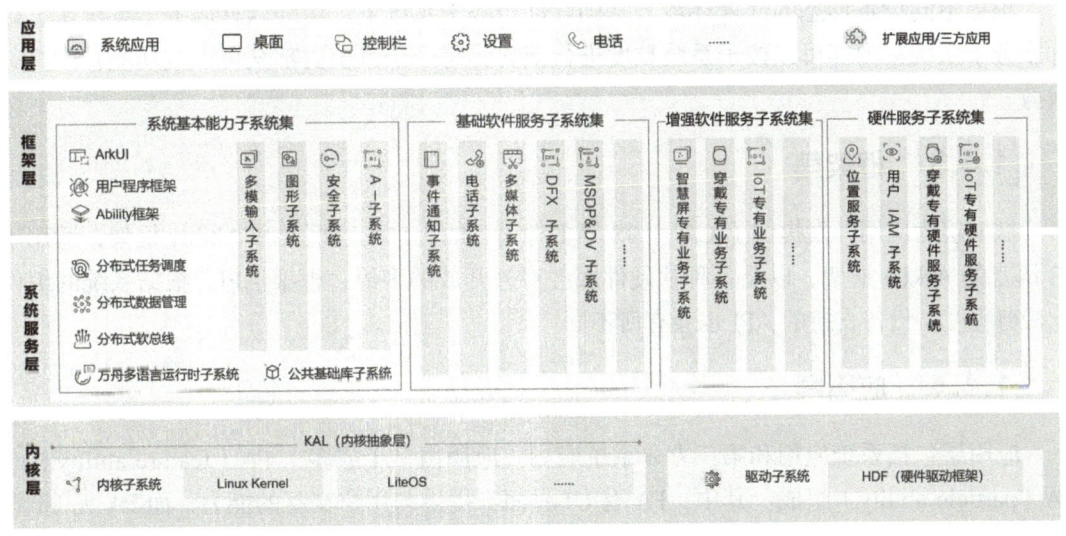

图 1-17　OpenHarmony 技术架构图

1.4.1　内核层

内核层主要包括内核子系统和驱动子系统。

①内核子系统：采用多内核（Linux 内核或者 LiteOS）设计，支持针对不同资源受限设备选用适合的 OS 内核。内核抽象层（kernel abstract layer，KAL）通过屏蔽多内核差异，对上层提供基础的内核能力，包括进程/线程管理、内存管理、文件系统、网络管理和外设管理等。

②驱动子系统：驱动框架（HarmonyOS driver foundation, HDF）是系统硬件生态开放的

基础，可提供统一外设访问能力和驱动开发、管理框架等。

1.4.2 系统服务层

系统服务层是 OpenHarmony 的核心能力集合，通过框架层对应用程序提供服务。该层包含以下几个部分：

①系统基本能力子系统集：为分布式应用在多设备上的运行、调度、迁移等操作提供了基础能力，由分布式软总线、分布式数据管理、分布式任务调度、公共基础库、多模输入、图形、安全、AI 等子系统组成。

②基础软件服务子系统集：提供公共的、通用的软件服务，由事件通知、电话、多媒体、DFX（design for X）等子系统组成。

③增强软件服务子系统集：提供针对不同设备的、差异化的能力增强型软件服务，由智慧屏专有业务、穿戴专有业务、IoT 专有业务等子系统组成。

④硬件服务子系统集：提供硬件服务，由位置服务、用户身份识别与访问管理（identity Access Management, IAM）、穿戴专有硬件服务、IoT 专有硬件服务等子系统组成。

根据不同设备形态的部署环境，基础软件服务子系统集、增强软件服务子系统集、硬件服务子系统集内部可以按子系统粒度进行裁剪，每个子系统内部又可以按功能粒度进行裁剪。

1.4.3 框架层

框架层为应用开发提供了 C/C++/JS 等多种语言的用户程序框架和 Ability 框架，适用于 JS 语言的 ArkUI 框架，以及各种软硬件服务对外开放的多语言框架 API。根据系统的组件化裁剪程度，设备支持的 API 也会有所不同。

1.4.4 应用层

应用层包括系统应用和第三方非系统应用。应用由一个或多个 FA（feature ability）或 PA（particle ability）组成。其中，FA 有 UI 界面，提供与用户交互的能力；而 PA 无 UI 界面，提供后台运行任务的能力以及统一的数据访问抽象。基于 FA/PA 开发的应用，能够实现特定的业务功能，支持跨设备调度与分发，为用户提供一致、高效的应用体验。

1.5 OpenHarmony 系统类型

根据设备硬件能力差异，可将 OpenHarmony 分为三类：轻量系统、小型系统、标准系统。

1.5.1 轻量系统

轻量系统（mini system、L0）面向的是微控制单元（microcontroller unit, MCU）类型的

处理器，如 Arm Cortex-M、RISC-V 32 位处理器等。这类处理器的硬件资源极其有限，支持的设备最小内存为 128 KB，可以提供多种轻量级网络协议、轻量级的图形框架，以及丰富的 IoT 总线读写部件等。可支撑的产品包括智能家居领域的连接类模组、传感器设备、穿戴类设备等。

在这三种类型的系统中，轻量系统相对简单易学、硬件成本相对较低，是入门 OpenHarmony 的首选系统类型。典型的轻量系统产品是智能手表（见图 1-18）。

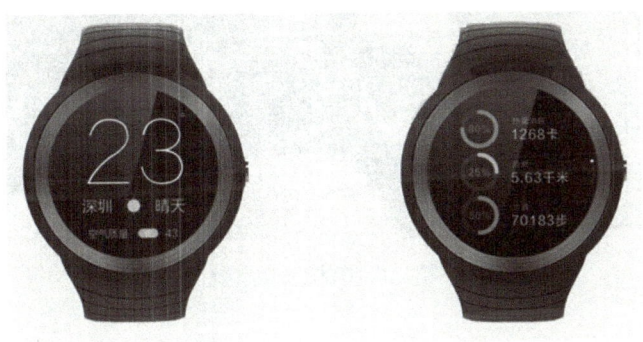

图 1-18　典型的轻量系统产品

1.5.2　小型系统

小型系统（small system、L1）面向应用处理器，比如 Arm 的 Cortex-A 处理器，支持的设备最小内存为 1 MB，可以提供更高的安全能力、标准的图形框架、视频编解码的多媒体能力。可支撑的产品包括智能家居领域的 IP Camera、电子猫眼、路由器以及智慧出行领域的行车记录仪等。典型的小型系统产品路由器、电子猫眼如图 1-19 所示。

图 1-19　典型的小型系统产品

1.5.3　标准系统

与小型系统一样，标准系统（standard system、L2）也面向应用处理器，比如 Arm 的

Cortex-A 处理器，支持的设备最小内存为 128 MB，可以提供增强的交互能力、3D GPU 及硬件合成能力、更多控件及动效更丰富的图形能力、完整的应用框架。标准系统面向的产品包括高端冰箱的显示屏、汽车的中控屏等，如图 1-20 所示。

图 1-20　典型的标准系统产品

1.6　OpenHarmony 版本

作为一个快速发展的操作系统，OpenHarmony 的特点是版本多并且迭代速度快。截至 2023 年 4 月 9 日，OpenHarmony 一共发布了三个主版本，OpenHarmony 的版本演进如图 1-21 所示。

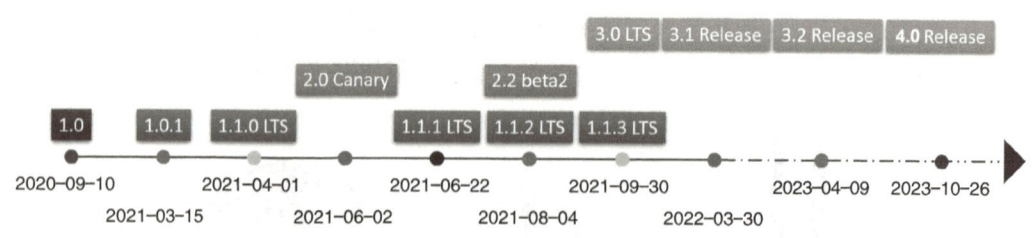

图 1-21　OpenHarmony 的版本演进

1.7　OpenHarmony 开发方向和优势

在开始学习 OpenHarmony 系统开发之前，首先需要了解 OpenHarmony 南北向开发的区别，以及基于 OpenHarmony 系统开发相较于基于 Android 等操作系统开发的优势。若选择 OpenHarmony 南向设备开发，也需要了解南向设备开发相较于传统嵌入式开发或物联网开发有哪些更为先进的开发理念和技术体系。

1.7.1　OpenHarmony 南北向开发概述

（1）南向开发

南向开发指的是软硬件结合的智能终端设备开发，也就是通常所说的嵌入式开发。在一般情况下，南向开发会使用 C 语言或 C++ 语言，它注重的是硬件操作和能力封装，主要如下。

①控制可编程发光二极管（light emitting diode，LED）灯的亮 / 灭（硬件操作）；

②读取按键的状态（硬件操作）；

③控制蜂鸣器发声（硬件操作）；

④为数字温湿度传感器编写驱动程序（能力封装）；

⑤编写有机发光二极管（organic light emitting diode，OLED）显示屏驱动程序（能力封装）。

（2）北向开发

北向开发在通常情况下指的是纯软件的应用开发。当然，我们也可以简单地将其理解为 App 开发。在一般情况下，北向开发会用到 Java、JavaScript、TypeScript、eTS 等语言，它注重的是业务逻辑。北向开发的目标是实现应用的功能，从而满足客户的需求，这是南向开发和北向开发的主要区别。

1.7.2　OpenHarmony 对比传统操作系统的优势

① OpenHarmony 是一款万物互联的开源操作系统，基于多内核设计，可以适配各种终端设备。

② OpenHarmony 是一个完整的操作系统，不是一个内核，而且还包括相关的 IDE、认证体系、生态系统等周边元素。一个完整的操作系统其实包括了一个完整的运行生态，比如 Linux 就是一个 kernal（内核），而 Android 和 iOS 就是一个完整的操作系统。

③ OpenHarmony 面向场景式开发，而不是传统的面向设备的开发，有利于实现跨设备流转。

④对应用开发者而言：OpenHarmony 的创新采用了多种分布式技术，在系统层面天然支持分布式开发，使应用开发与终端设备的形态差异无关。从而让开发者能够聚焦于上层业务逻辑，更加便捷、高效地开发应用，而其他操作系统在系统层面并不天然是分布式的。

⑤ OpenHarmony 可以基于物理层通过 Wi-Fi + 系统层通过软总线 + 应用层通过 App 将场景中多个独立的终端连接起来，实现互相调用、智能联动，形成超级虚拟终端。而 Android 等其他操作系统要实现这点需要依赖更为复杂的技术要求，而且无法轻易做到像 OpenHarmony 一样实现设备互信和安全认证，OpenHarmony 基于分类分级安全的架构设计保护消费者的个人隐私和企业的核心数据资产不被泄露。在未来更为复杂的场景需求中，基于 Android 等其他操作系统建立的安全机制很难得到有效、全面的保障。

1.7.3 OpenHarmony 开发对比传统嵌入式开发

OpenHarmony 是全球首个使用微内核操作系统和分布式架构的系统，这使得其能够适配更多的智能硬件，这是传统嵌入式系统所不能企及的。OpenHarmony 不仅移植方便，还具有时延性低的特点，延迟时间低于 5 毫秒，可达到毫秒级甚至亚毫秒级。因此，OpenHarmony 在物联网中的应用会比嵌入式 Linux 等系统更加广泛，尤其是在自动驾驶、工业互联网等对系统具有较高要求的领域。

随着 5G 的到来，将 IoT 物联网的发展推向了快车道，IoT 物联网产品在大众消费领域越来越普遍。而在人工智能技术的深化加持下，传统的 IoT 物联网目前正逐渐向 AIoT 智能物联网方向演进。OpenHarmony 的定位和技术特点符合操作系统技术的未来发展趋势，相较于传统物联网的技术要求，OpenHarmony 具备微内核、软总线、分布式全场景原生特性，同时基于 AI 子系统和华为云 IoT 平台，具有更强的能力面向更广泛的 AIoT 应用场景，可实现物联网技术与人工智能相融合，最终形成智能化生态体系。在该体系内，能够实现不同智能终端设备之间、不同系统平台之间、不同应用场景之间的互融互通。

第 2 章
搭建 OpenHarmony 开发环境

本章主要介绍 OpenHarmony 分别基于 IDE 和命令行的开发环境搭建，并完成第一个入门案例——"Hello World"程序从编辑、编译、烧录到运行的完整过程。读者可以根据本章的步骤，选择适合的开发方式和硬件设备，来搭建自己的 OpenHarmony 开发和编译环境，在开发过程中可以使用一些技巧设置，提高开发效率，为后续的学习做好准备。

对于 OpenHarmony 设备开发来说，开发者可使用如表 2-1 所示的两种开发方式，开发者可以根据实际项目的需求并结合个人的习惯，来选择合适的基础开发环境。

表 2-1 开发方式

方式	工具	特点	适用人群
基于 IDE 开发	DE（DevEco Device Tool）	完全采用 IDE 进行一站式开发，编译依赖工具的安装以及编译、烧录、运行都通过 IDE 进行。 DevEco Device Tool 采用 Windows+Ubuntu 混合开发环境： ①在 Windows 上主要进行代码开发、代码调试、烧录等操作； ②在 Ubuntu 环境实现源码编译。 DevEco Device Tool 提供界面化的操作接口，可以提供更快捷的开发体验	①不熟悉命令行操作的开发者； ②习惯界面化操作的开发者
基于命令行开发	命令行工具包	通过命令行方式下载、安装编译依赖工具，在 Linux 系统中进行编译时，相关操作通过命令实现；在 Windows 系统中使用开发板厂商提供的工具进行代码烧录。命令行方式提供了简便、统一的工具链安装方式	习惯使用命令行操作的开发者

2.1 基于 IDE 开发

在嵌入式开发中，很多开发者习惯于使用 Windows 进行代码的编辑，比如使用 Windows 的 Visual Studio Code 进行 OpenHarmony 代码的开发。但在当前阶段，大部分的开发板源码还不支持在 Windows 环境下进行编译。因此，建议使用 Ubuntu 的编译环境对源码进行编译，可以搭建一套 Windows+Ubuntu 混合开发的环境，如图 2-1 所示。使用 Windows 平台的 DevEco Device Tool 可视化界面进行相关操作，通过远程连接的方式对接 Ubuntu 下的 DevEco Device Tool（可以不安装 Visual Studio Code），然后对 Ubuntu 下的源码进行开发、编译、烧录等操作。

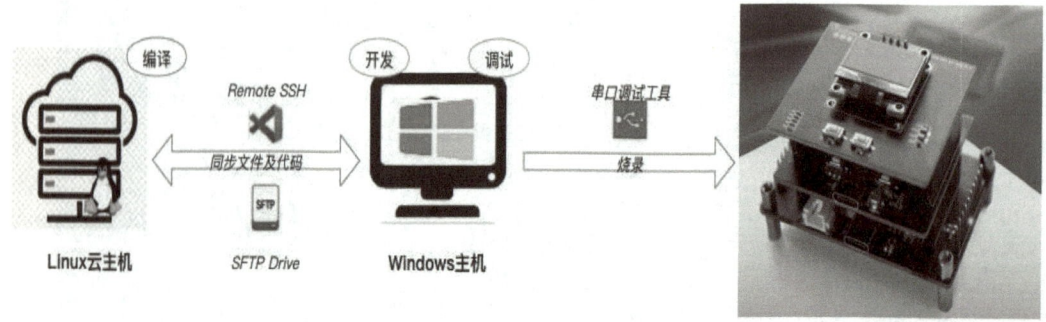

图 2-1 Windows+Ubuntu 混合开发的环境

2.1.1 搭建 Windows 环境

（1）系统要求

① Windows 10（64 位系统），推荐内存 8 GB 及以上，硬盘空间 100 GB 及以上。

② Windows 和 Ubuntu 系统上安装的 DevEco Device Tool 为最新版本，且版本号需相同。

（2）操作步骤

①下载 Windows（64-bit）版 DevEco Device Tool 软件包（当前版本 devicetool-windows-tool-3.1.0.500.zip），如图 2-2 所示。

HUAWEI DevEco Device Tool 3.1 Release

Platform	DevEco Device Tool Package	Size	SHA-256 checksum	Download
Windows (64-bit)	devicetool-windows-tool-3.1.0.500.zip	137 MB	30f6f98ef906a65fa846107308e79198e312ba4ea8246ca0de9a860191696a4b	⬇
Linux (64-bit)	devicetool-linux-tool-3.1.0.500.zip	115 MB	b5af8573aaad73123d06f721eab8d6a17ea820af96acc7f93a3df264847225d2	⬇

图 2-2　Windows 版 DevEco Device Tool 下载

②解压 DevEco Device Tool 压缩包，双击安装包程序，单击"下一步"按钮进行安装。

③详细阅读以下界面的用户协议和隐私声明，勾选"我接受许可证协议中的条款"后，才能继续下一步的安装。

④设置 DevEco Device Tool 的安装路径，请注意安装路径不能包含中文字符（不建议安装到 C 盘目录），单击"下一步"按钮，如图 2-3 所示。

⑤根据安装向导提示，安装依赖工具，如图 2-4 所示。

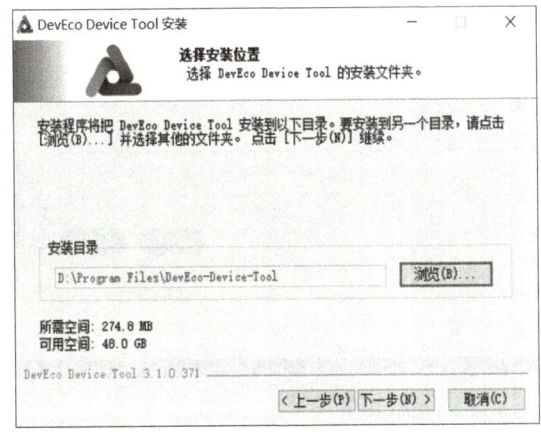

图 2-3　设置安装路径

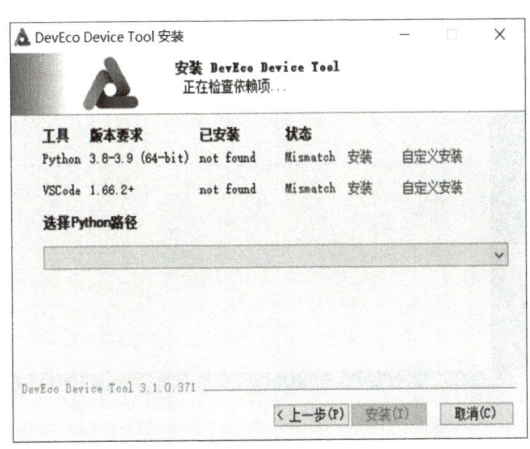

图 2-4　安装依赖工具

安装完成后，各软件状态显示为 OK，如图 2-5 所示。

⑥依赖的工具安装完成后，单击"安装"按钮，开始安装 DevEco Device Tool。

⑦继续等待 DevEco Device Tool 安装向导自动安装 DevEco Device Tool 插件，直至安装完成，单击"完成"按钮，关闭 DevEco Device Tool 安装向导，如图 2-6 所示。

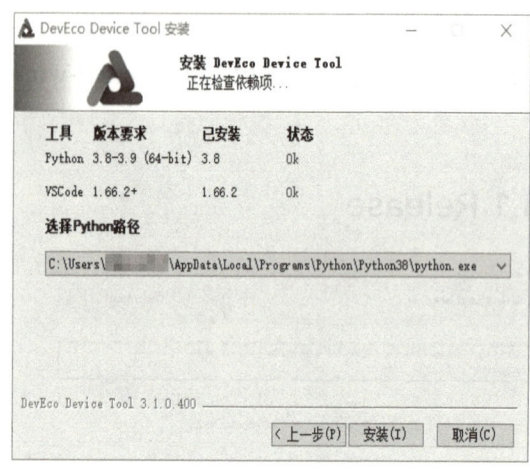

图 2-5　依赖工具安装完毕

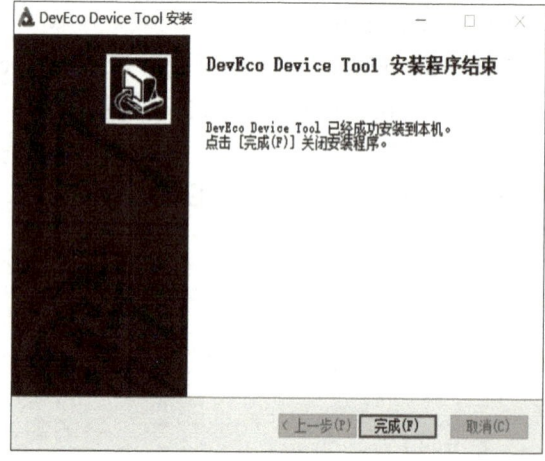

图 2-6　DevEco Device Tool 安装程序结束

⑧打开 Visual Studio Code，进入 DevEco Device Tool 工具界面，如图 2-7 所示。至此，DevEco Device Tool Windows 开发环境安装完成。

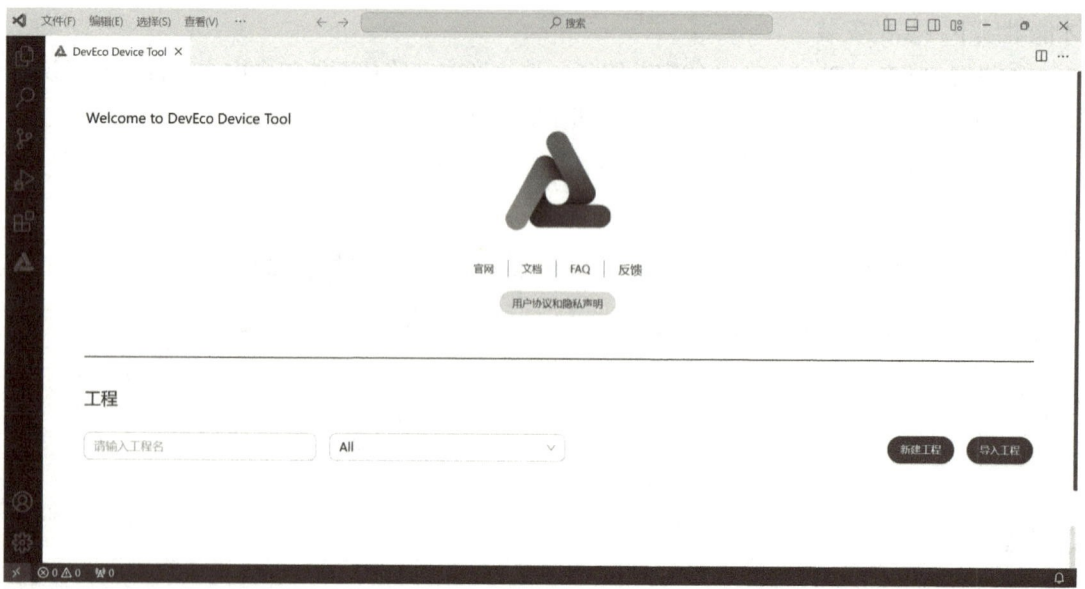

图 2-7　DevEco Device Tool 工具界面

2.1.2 搭建 Ubuntu 环境

（1）系统要求

① Ubuntu 系统要求：Ubuntu 18.04～21.10 版本。推荐使用 20.04 版本，内存 16 GB 及以上，硬盘空间 100 GB 及以上。

② Ubuntu 系统的用户名不能包含中文字符。

③ Ubuntu 和 Windows 系统上安装的 DevEco Device Tool 为最新版本，且版本号需相同。

（2）操作步骤

①在 Windows 系统中可以通过虚拟机方式搭建 Ubuntu 系统，推荐使用 VirtualBox 或者 VMware Workstation Player，本书选用的是 VMware Workstation Player，下载步骤如图 2-8、图 2-9 所示。

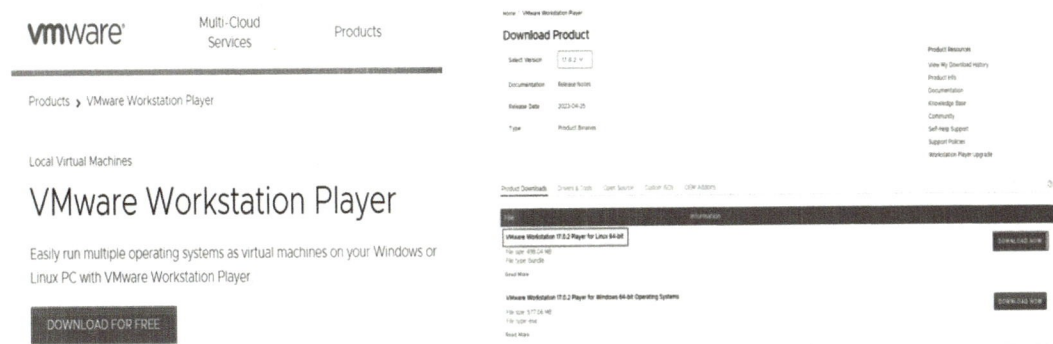

图 2-8　VMware Workstation Player 官方首页　　图 2-9　VMware Workstation Player 下载页面

②下载完毕后，双击进入安装向导。可以按如图 2-10 至 2-17 所示进行安装和配置，配置项可以根据个人需求进行自定义。

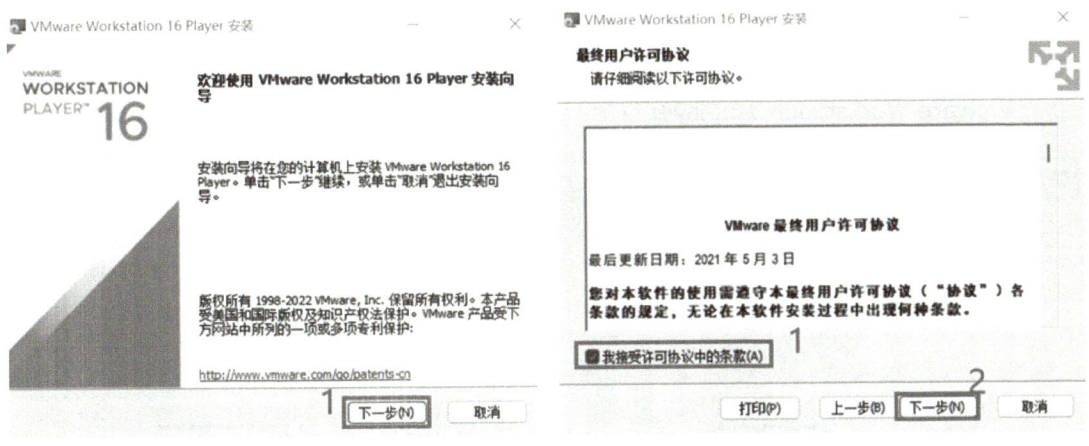

图 2-10　VMware Workstation Player 安装向导　　图 2-11　接受许可协议

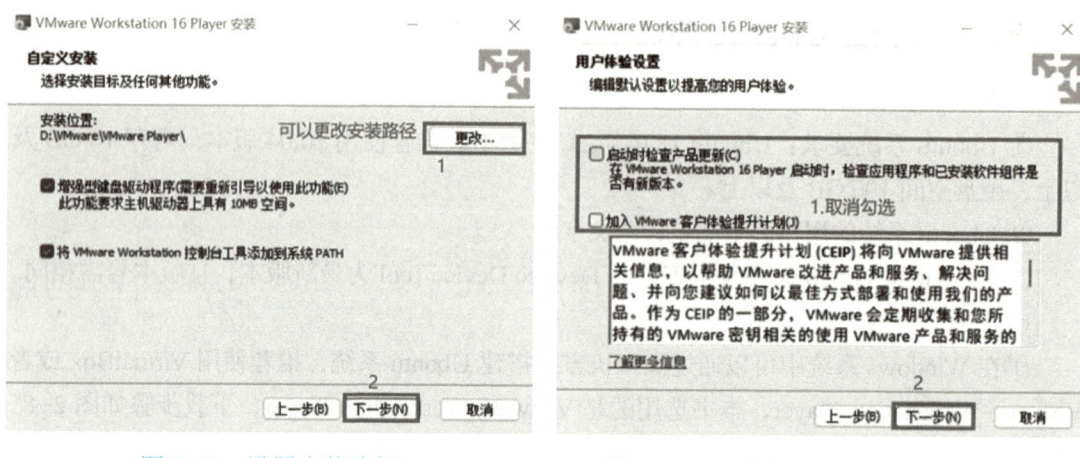

图 2-12　设置安装路径　　　　　　图 2-13　取消产品更新和体验提升计划

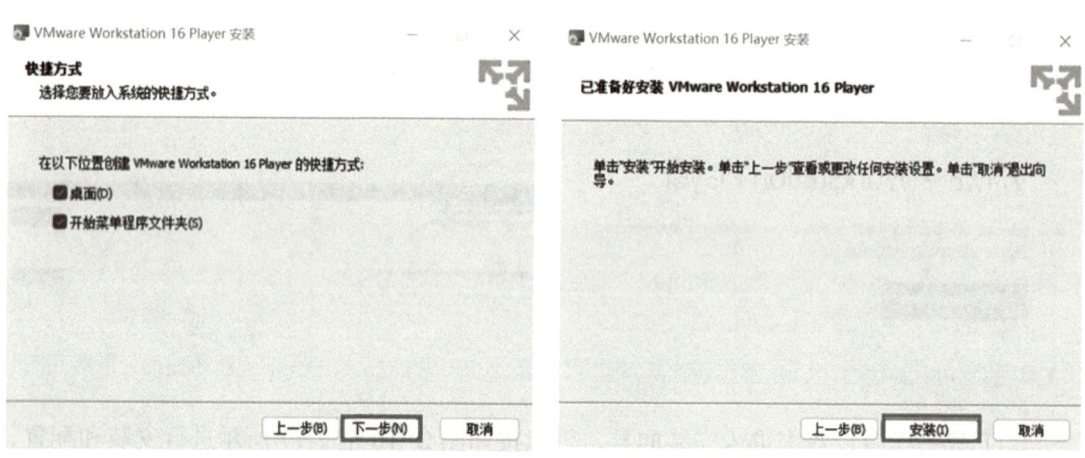

图 2-14　创建快捷方式　　　　　　图 2-15　安装 VMware Workstation Player

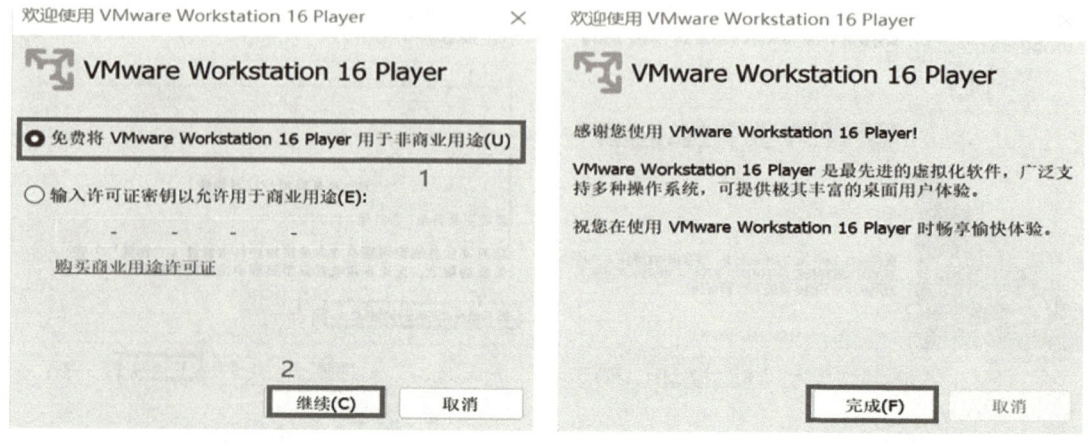

图 2-16　选择非商业用途　　　　　　图 2-17　完成安装

③到 Ubuntu 官网或相关镜像站点下载 Ubuntu 系统镜像（iso）到本地备用，推荐使用 Ubuntu 20.04 LTS（64-bit）系统，如图 2-18 所示。

图 2-18　Ubuntu 20.04.6 desktop amd64.ios 镜像

④在 VMware 虚拟机上安装 Ubuntu 系统，具体安装步骤如下。

在 VMware Workstation Player 中创建新虚拟机，如图 2-19 所示。选择"稍后安装操作系统"选项，如图 2-20 所示。

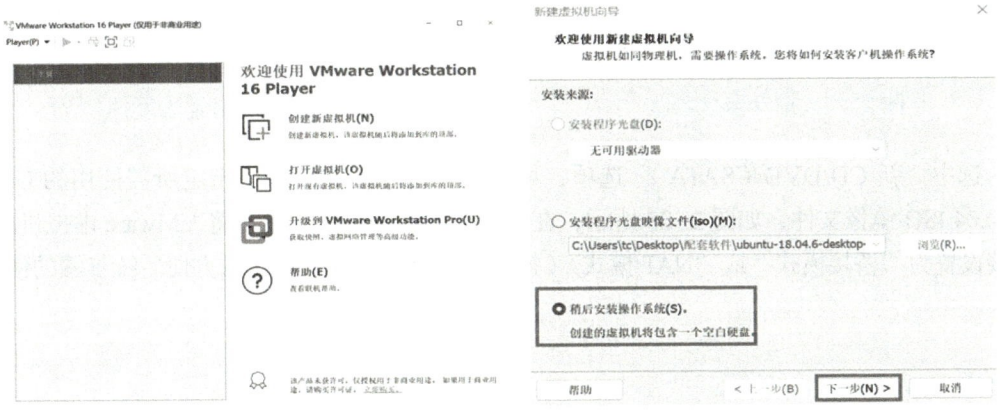

图 2-19　创建新虚拟机界面　　　　图 2-20　稍后安装操作系统

在"客户机操作系统"列表中，选择客户机操作系统为"Linux"，版本选择"Ubuntu 64 位"，如图 2-21 所示，在"命名虚拟机"页面，对所要创建的虚拟机进行命名，并指定虚拟机存放的位置，单击"下一步"按钮，如图 2-22 所示。

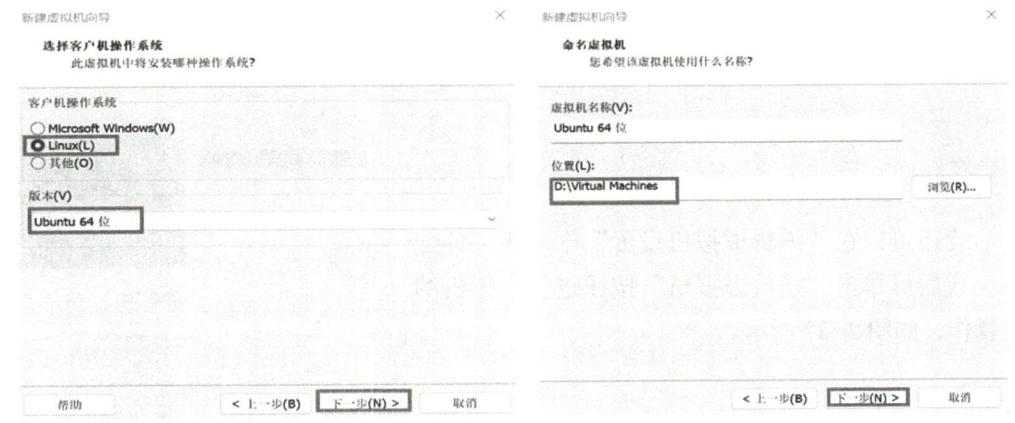

图 2-21　选择操作系统为"Linux"　　　图 2-22　指定虚拟机存放位置

建议磁盘空间 100 GB 及以上，并将虚拟磁盘拆分成多个文件，如图 2-23 所示，然后单击"下一步"按钮进行自定义硬件配置，如图 2-24 所示。

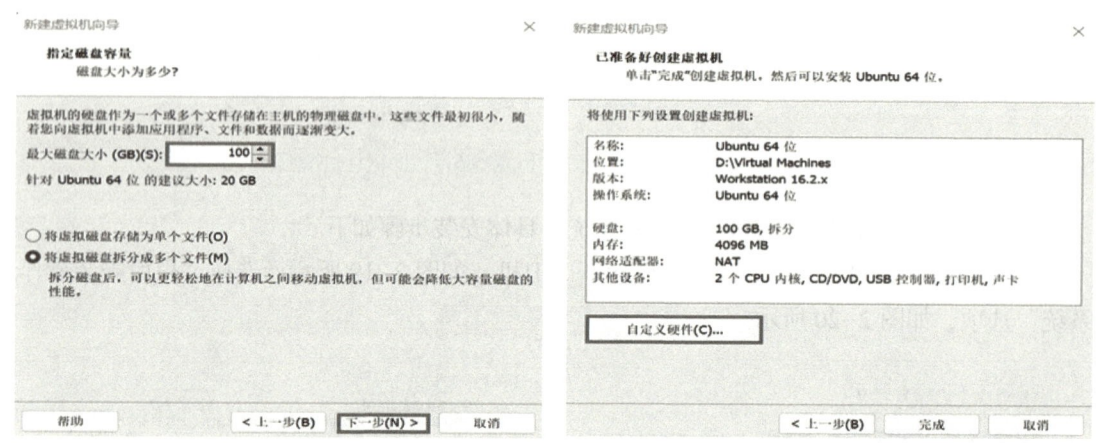

图 2-23　指定磁盘容量　　　　　　　　　图 2-24　自定义硬件

选中"新 CD/DVD（SATA）"选项，可在右侧的上下文菜单中指定所需使用的 Ubuntu 20.04 ISO 镜像文件，如图 2-25 所示；在"网络适配器"选项中，将 VMware 虚拟机网络连接设置为"桥接模式"或"NAT 模式"（推荐使用"桥接模式"），以方便后续步骤的使用。

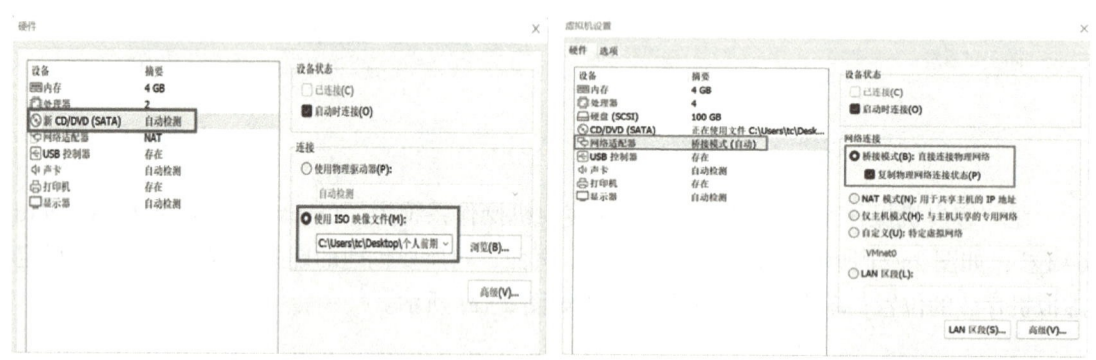

图 2-25　指定 Ubuntu 镜像文件　　　　　图 2-26　设置虚拟机网络连接模式

后续还可以在"编辑虚拟机设置"中变更硬件配置，完成后可单击"播放虚拟机"按钮进行虚拟机的安装操作，如图 2-27 所示。

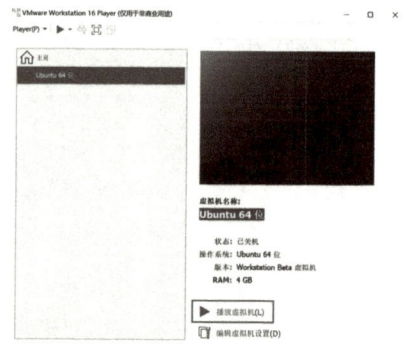

图 2-27　播放虚拟机

在弹出的"Welcome"界面中，需选择所需安装的系统语言及试用系统（Try Ubuntu）还是安装系统（Install Ubuntu），此处选择安装系统，如图 2-28 所示。选择合适的键盘布局，如图 2-29 所示。

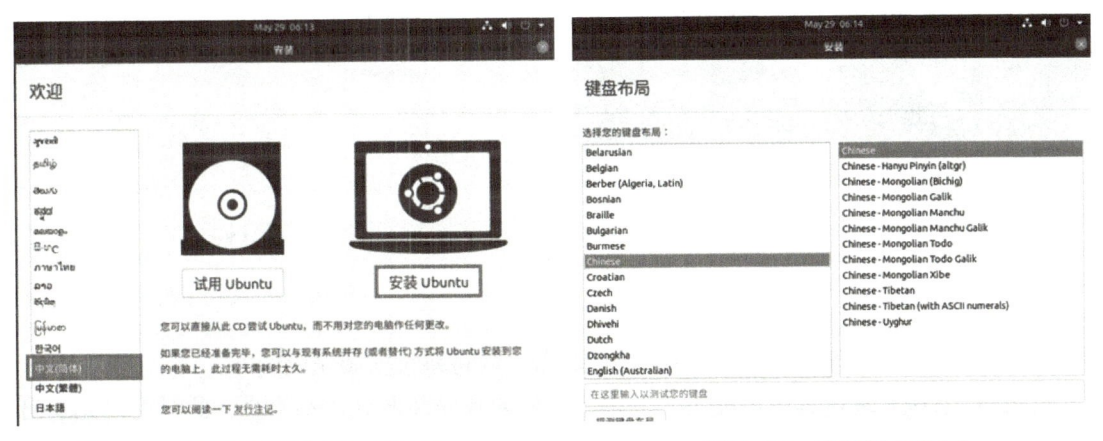

图 2-28　设置系统语言和安装 Ubuntu

图 2-29　选择键盘布局

更新和其他软件如图 2-30 所示，单击"继续"按钮，安装类型如图 2-31 所示，单击"现在安装"按钮。

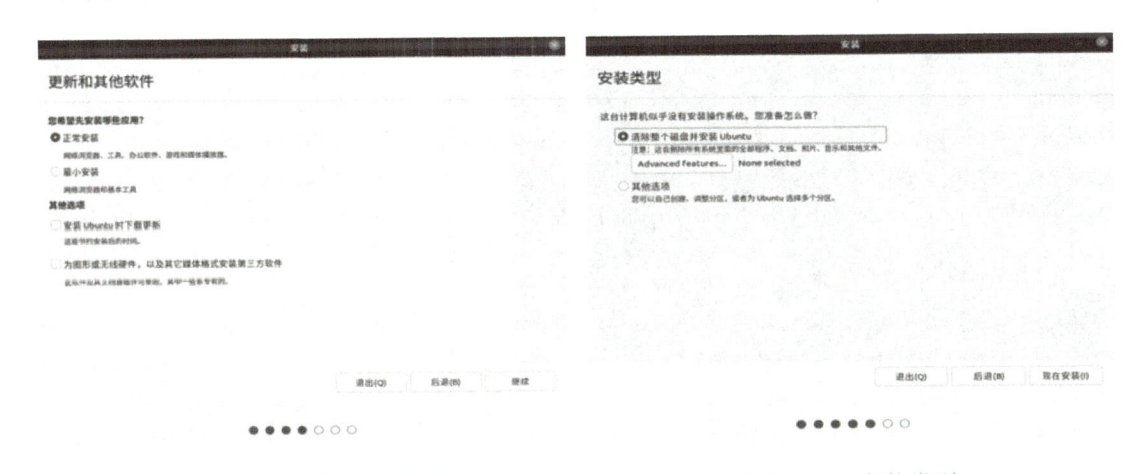

图 2-30　更新和其他软件

图 2-31　安装类型

在安装过程中会提示选择系统所在的时区，以便系统进行对时操作，在中国国内直接选择"Shanghai"即可，如图 2-32 所示。在"您是谁"配置界面，主要是让用户指定虚拟机系统的用户名、机器名称及密码，此处根据自己喜好进行输入即可（本书设置的用户名是"linux"），如图 2-33 所示。

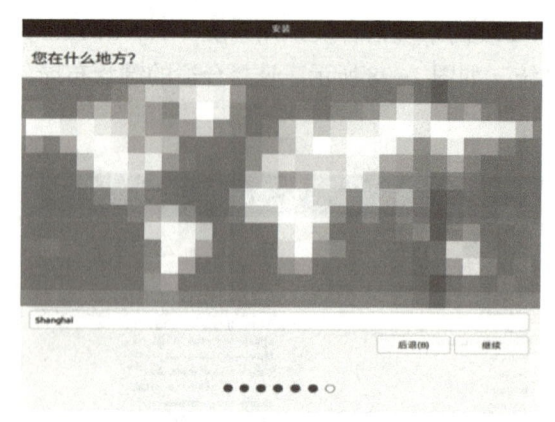

图 2-32　设置系统所在的时区　　　　　　　图 2-33　设置用户名及其名称和密码

　　单击"继续"按钮，正式进入系统安装环节，等待系统安装完成即可。
　　注意：系统安装过程中可能由于分辨率过低导致安装向导显示不全，此时可以先退出系统安装，自动进入试用系统，如图 2-34 所示。右击进入"显示设置"，在显示器分辨率选项中调整到合适的分辨率（此处设置的是 1280×800），如图 2-35 所示，再双击桌面"安装 Ubuntu 20.04.6 LTS"继续进行系统安装。

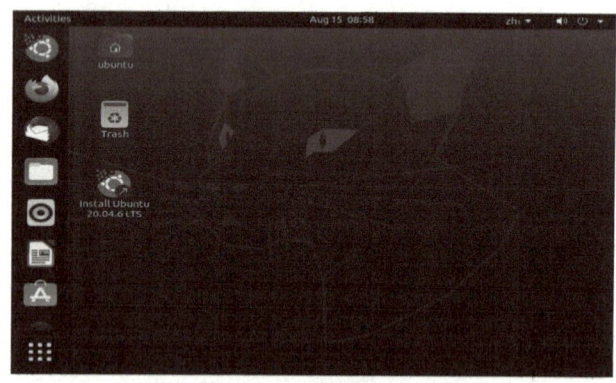

图 2-34　Ubuntu 试用系统　　　　　　　　图 2-35　设置显示器分辨率

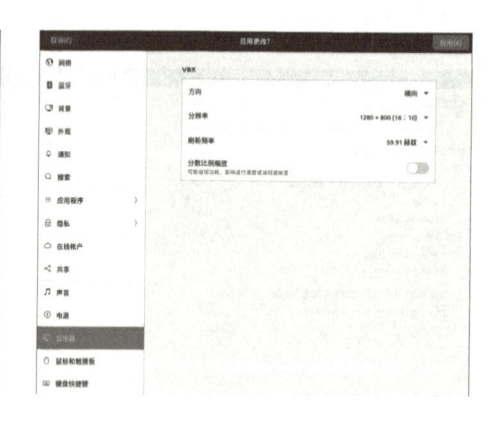

　　⑤将 Ubuntu Shell 环境修改为 bash。
　　打开终端工具（按 Ctrl+Alt+T 组合键），执行如下命令，查看当前系统的 shell 类型是否为 bash。如果输出结果不是 bash，如图 2-36 所示。

```
ls -l /bin/sh
```

```
linux@linux-virtual-machine:~$ ls -l /bin/sh
lrwxrwxrwx 1 root root 4 5月  30 15:16 /bin/sh -> dash
```

图 2-36　查看当前系统的 shell 类型

修改当前系统 shell，执行如下命令，输入密码，然后选择 “No”，将 Ubuntu shell 由 dash 修改为 bash，如图 2-37 所示。

```
sudo dpkg-reconfigure dash
```

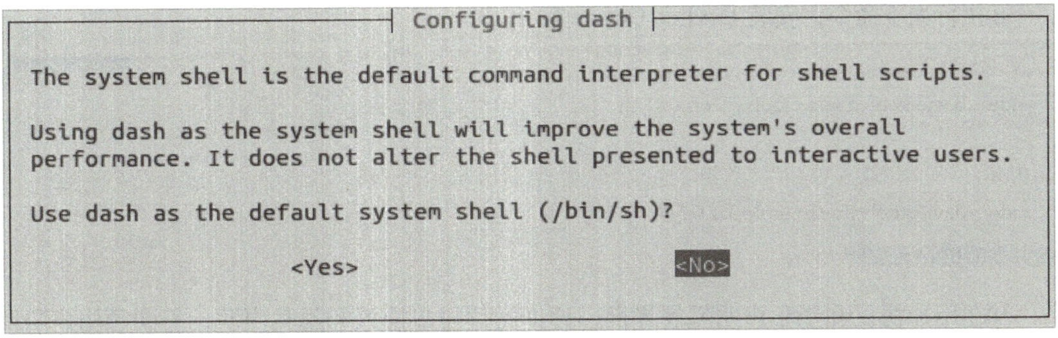

图 2-37　将 Ubuntu shell 由 dash 修改为 bash

⑥下载 Linux（64-bit）版 DevEco Device Tool 软件包（当前版本 devicetool-linux-tool-3.1.0.500.zip），可以使用 Ubuntu 自带的火狐浏览器直接下载到 Ubuntu 系统中，如图 2-38 所示。

Platform	DevEco Device Tool Package	Size	SHA-256 checksum	Download
Windows(64-bit)	devicetool-windows-tool-3.1.0.500.zip	137 MB	30f6f98ef906a65fa846107308e79198e312ba4ea8246ca0de9a860191696a4b	
Linux(64-bit)	devicetool-linux-tool-3.1.0.500.zip	115 MB	b5af857aaad73123d06f721eab8d6a17ea820af96acc7f93a3df26484722 5d2	

图 2-38　Linux 版 DevEco Device Tool 下载

⑦解压 DevEco Device Tool 软件包并对解压后的文件夹进行赋权。

进入 DevEco Device Tool 软件包下载后的所在目录，执行如下命令解压软件包，其中 devicetool-linux-tool-{Version}.zip 为软件包名称，请根据实际情况进行修改。

```
unzip devicetool-linux-tool-{Version}.zip

例如：
unzip devicetool-linux-tool-3.1.0.500.zip
```

进入解压后的文件夹，执行如下命令，赋予安装文件可执行权限。

```
chmod u+x devicetool-linux-tool-{Version}.sh
```

例如:
```
chmod u+x devicetool-linux-tool-3.1.0.500.sh
```

⑧执行如下命令,安装 DevEco Device Tool。

```
sudo ./devicetool-linux-tool-{Version}.sh
```

例如
```
sudo ./devicetool-linux-tool-3.1.0.500.sh
```

⑨在用户协议和隐私声明签署界面,详细阅读用户协议和隐私声明,需同意用户协议和隐私声明才能进行下一步的安装,可通过键盘的上下按键进行选择,选择第一个并按"确定"键,如图 2-39 所示。

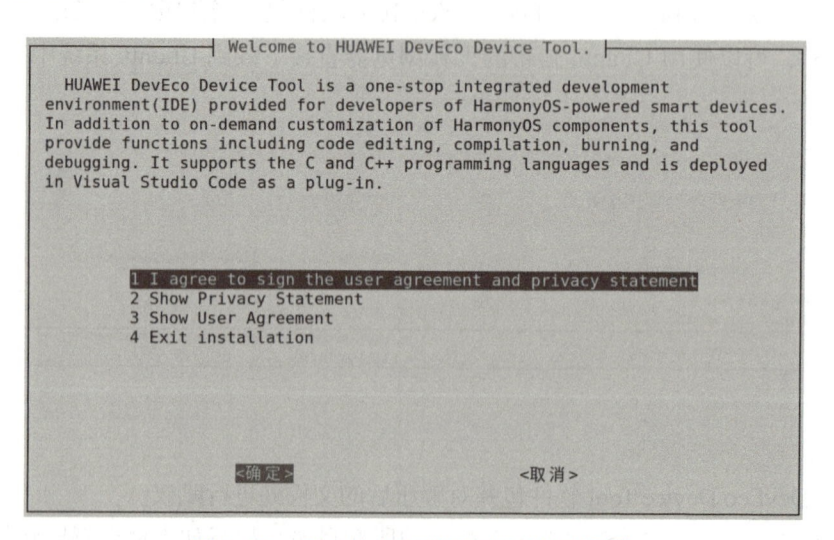

```
┌─────────────┤ Welcome to HUAWEI DevEco Device Tool. ├─────────────┐
│   HUAWEI DevEco Device Tool is a one-stop integrated development  │
│ environment(IDE) provided for developers of HarmonyOS-powered smart devices. │
│ In addition to on-demand customization of HarmonyOS components, this tool │
│ provide functions including code editing, compilation, burning, and │
│ debugging. It supports the C and C++ programming languages and is deployed │
│ in Visual Studio Code as a plug-in.                               │
│                                                                    │
│         ┌────────────────────────────────────────────────┐        │
│         │ 1 I agree to sign the user agreement and privacy statement │
│         │ 2 Show Privacy Statement                        │        │
│         │ 3 Show User Agreement                           │        │
│         │ 4 Exit installation                             │        │
│         └────────────────────────────────────────────────┘        │
│                                                                    │
│              <确定>                          <取消>                │
└────────────────────────────────────────────────────────────────────┘
```

图 2-39 用户协议和隐私声明签署界面

安装完成后,当界面输出"DevEco Device Tool successfully installed."时,表示 DevEco Device Tool 安装成功,如图 2-40 所示。

```
2023-05-31 12:07:21 - INFO - Updating settings...
2023-05-31 12:07:21 - INFO - Updating permissions...
2023-05-31 12:07:38 - INFO - DevEco Device Tool successfully installed.
```

图 2-40 Linux 版 DevEco Device Tool 安装成功

（3）配置 Samba 服务器

当在 Windows 下进行烧录时，开发者需要访问 Ubuntu 环境下的源码和镜像文件，或者使用 Windows 下载源码后需要将源码共享到 Ubuntu。可以使用习惯的文件传输或共享工具实现文件的共享或传输。此处介绍在 Ubuntu 环境下通过 Samba 服务器进行连接的操作方法。

①安装 Samba 软件包，命令如下。

```
sudo apt-get install samba samba-common
```

②修改 Samba 配置文件，执行如下命令，配置共享信息。

```
sudo gedit /etc/samba/smb.conf
```

在配置文件末尾添加以下配置信息（根据实际需要配置相关内容）。

```
[Share]                    # 共享标签：在 Windows 中映射的根文件夹名称
comment = Shared Folder    # 共享信息说明
path = /home/linux/share   # 共享目录
valid users = linux        # 可以访问该共享目录的用户（Ubuntu 的用户名）
directory mask = 0775      # 默认创建的目录权限
create mask = 0775         # 默认创建的文件权限
public = yes               # 是否公开
writable = yes             # 是否可写
available = yes            # 是否可获取
browseable = yes           # 是否可浏览
```

注意：# 后面的内容为注释说明，不需要写入配置文件中。

③添加 Samba 服务器用户名和访问密码，命令如下。

```
sudo smbpasswd -a linux    # 用户名为 Ubuntu 用户名。输入命令后，根据提示设置密码。
```

④重启 Samba 服务，命令如下。

```
sudo service smbd restart
```

（4）设置 Windows 映射

①右击"计算机"选择映射网络驱动器，输入共享文件夹信息。在文件夹输入框填入 Ubuntu 设备的 IP 地址和共享标签，在 Windows 中映射的根文件夹名称，如图 2-41 所示。（提示：Ubuntu 设备的 IP 地址可以通过 ifconfig 命令查看，若该命令无效可以执行"sudo apt install net-tools"安装网络查询工具）

②输入 Samba 服务器的访问用户名和密码（在配置 Samba 服务器时已完成配置），如图 2-42 所示。

图 2-41　设置 Windows 映射　　　　　图 2-42　输入网络凭据

③用户名和密码输入完成后即可在 Windows 下看到 Linux 的共享目录，并可对其进行访问。

（5）修改 apt-get 源地址

Ubuntu 系统自带的源文件，都是国外的源网址，在国内下载安装升级源文件或依赖工具的速度比较慢，可以更换国内的源地址。更换步骤如下。

①单击桌面左下角"显示应用程序"按钮，单击"软件和更新"按钮，如图 2-43 所示。在"下载自"选择"其他"，可以选择中国的源地址，如图 2-44 所示。

图 2-43　Ubuntu 系统软件和更新　　　　　图 2-44　选择中国的源地址

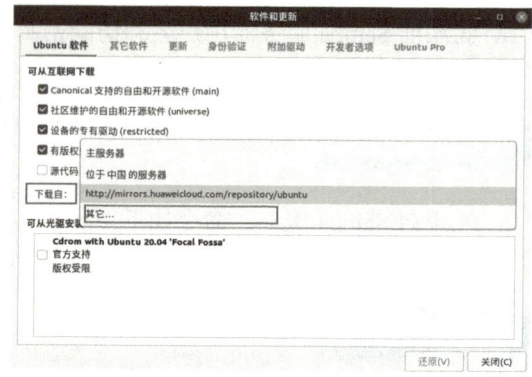

②本书选择华为云开源地址：http://mirrors.huaweicloud.com，如图 2-45 所示。选择好后单击"选择服务器"按钮，在弹出的认证对话框中输入当前账号的密码，单击"认证"按钮即可，如图 2-46 所示。

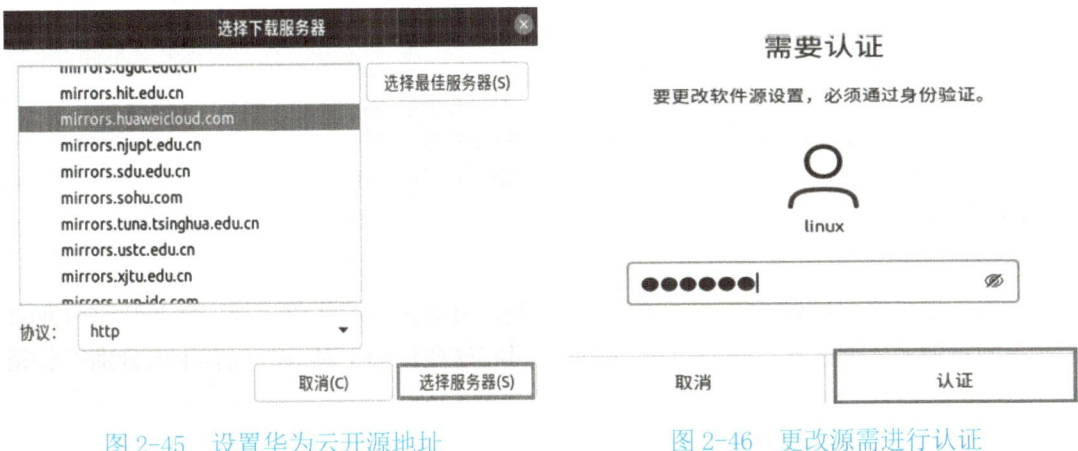

图 2-45　设置华为云开源地址

图 2-46　更改源需进行认证

③认证通过后，单击"关闭"按钮，在弹出框中选择"重新载入"即可，如图 2-47、图 2-48 所示。

图 2-47　关闭软件和更新窗口

图 2-48　重新载入列表信息

（6）安装依赖工具

执行如下命令，安装依赖工具。

```
sudo apt-get update
sudo apt-get install binutils binutils-dev git git-lfs gnupg flex bison gperf build-essential
sudo apt-get install zip curl zlib1g-dev gcc-multilib g++-multilib
sudo apt-get install gcc-arm-linux-gnueabi
sudo apt-get install libc6-dev-i386
sudo apt-get install libc6-dev-amd64
sudo apt-get install lib32ncurses5-dev x11proto-core-dev libx11-dev
sudo apt-get install lib32z1-dev ccache libgl1-mesa-dev libxml2-utils xsltproc unzip m4 bc gnutls-bin
```

```
sudo apt-get install python3.8 python3-pip ruby genext2fs device-tree-compiler make libffi-dev e2fsprogs
sudo apt-get install pkg-config perl openssl libssl-dev libelf-dev libdwarf-dev u-boot-tools mtd-utils
sudo apt-get install cpio doxygen liblz4-tool openjdk-8-jre gcc g++ texinfo dosfstools mtools
sudo apt-get install default-jre default-jdk libncurses5 apt-utils wget scons python3.8-distutils
sudo apt-get install tar rsync git-core libxml2-dev lib32z-dev grsync xxd libglib2.0-dev
sudo apt-get install libpixman-1-dev kmod jfsutils reiserfsprogs xfsprogs squashfs-tools
sudo apt-get install pcmciautils quota ppp libtinfo-dev libtinfo5 libncurses5-dev libncursesw5
sudo apt-get install libstdc++6 gcc-arm-none-eabi vim ssh locales libxinerama-dev libxcursor-dev libxrandr-dev libxi-dev
```

注意：如果安装过程出现异常导致安装中断，可能是由于代码过长，在安装时可能会出现不知道哪些依赖没安装好的问题。因此，可将这些依赖工具拆分成若干次分别安装完成，每段记得加上"sudo apt-get install"。

（7）配置 Python

安装好依赖工具后，执行"sudo update-alternatives: --install <链接><名称><路径><优先级>"命令将 Python 3.8 设置为默认 Python 版本。

①执行如下命令，查看 Python 3.8 的位置。

```
which python3.8
```

②执行如下命令，将 Python 和 Python 3 切换为 Python 3.8。

```
sudo update-alternatives --install /usr/bin/python python {Python 3.8 路径} 1    #{Python 3.8 路径}为上一步查看的 Python 3.8 的位置
sudo update-alternatives --install /usr/bin/python3 python3 {Python 3.8 路径} 1    #{Python 3.8 路径}为上一步查看的 Python 3.8 的位置
```

例如，Python 3.8 路径为 /usr/bin/python3.8，则切换指令如下。

```
sudo update-alternatives --install /usr/bin/python python /usr/bin/python3.8 1
sudo update-alternatives --install /usr/bin/python3 python3 /usr/bin/python3.8 1
```

③可以执行如下两条命令，若显示 Python 的版本都为 3.8 即可。

```
python --version
python3 --version
```

2.1.3 配置远程访问环境

在搭建了 Windows 和 Ubuntu 开发环境后，需要通过下述设置，使得 Windows 可以远程访问 Ubuntu，为后续烧录文件的传输做好准备。

（1）安装 SSH 服务并获取远程访问的 IP 地址

①在 Ubuntu 系统中，打开终端工具，执行如下命令安装 SSH 服务。

```
sudo apt-get install openssh-server
```

②执行如下命令，启动 SSH 服务。

```
sudo systemctl start ssh
```

③执行如下命令，获取当前用户的 IP 地址，用于 Windows 系统远程访问 Ubuntu 环境。

```
ifconfig
```

说明：如果执行 ifconfig 命令提示如图 2-49 所示问题，请执行"sudo apt install net-tools"命令安装网络查询工具。

```
Command 'ifconfig' not found, but can be installed with:
sudo apt install net-tools
```

图 2-49 "ifconfig"命令未找到

安装完毕后可执行"ifconfig"命令查询 IP 地址（每台主机查询的 IP 地址可能不一样），如图 2-50 所示。

```
ens33: flags=4163<UP,BROADCAST,RUNNING,MULTICAST>  mtu 1500
        inet 192.168._._   netmask 255.255.255.0  broadcast 192.168.134.255
        inet6 fe80::bcb6:e029:3852:1fa6  prefixlen 64  scopeid 0x20<link>
        ether 00:0c:29:d3:9b:64  txqueuelen 1000  (以太网)
        RX packets 36035  bytes 53699588 (53.6 MB)
        RX errors 0  dropped 0  overruns 0  frame 0
        TX packets 9016  bytes 579704 (579.7 KB)
        TX errors 0  dropped 0 overruns 0  carrier 0  collisions 0

lo: flags=73<UP,LOOPBACK,RUNNING>  mtu 65536
        inet 127.0.0.1  netmask 255.0.0.0
        inet6 ::1  prefixlen 128  scopeid 0x10<host>
        loop  txqueuelen 1000  (本地环回)
        RX packets 200  bytes 16956 (16.9 KB)
        RX errors 0  dropped 0  overruns 0  frame 0
        TX packets 200  bytes 16956 (16.9 KB)
        TX errors 0  dropped 0 overruns 0  carrier 0  collisions 0
```

图 2-50　通过"ifconfig"命令查询 IP 地址

（2）安装 Remote-SSH

打开 Windows 系统下的 Visual Studio Code，单击按钮（扩展），在插件市场的搜索输入框中输入"remote-ssh"，如图 2-51 所示。双击 Remote-SSH 的 Install 文件，安装 Remote-SSH 插件。安装成功后，在"已安装"列表下可以看到已安装 Remote-SSH 插件，如图 2-52 所示。

图 2-51　在插件市场搜索 Remote-SSH　　　　图 2-52　成功安装 Remote-SSH 插件

（3）远程连接 Ubuntu 环境

①打开 Windows 系统下的 Visual Studio Code，单击按钮（远程资源管理器），在 SSH 右侧单击"+"按钮（新建远程），如图 2-53 所示。

图 2-53　新建 SSH 远程连接

②在弹出的 SSH 连接命令输入框中输入 "ssh username@ip_address"，其中 ip_address 为要连接的远程计算机的 IP 地址，username 为登录远程计算机的账号，如图 2-54 所示。

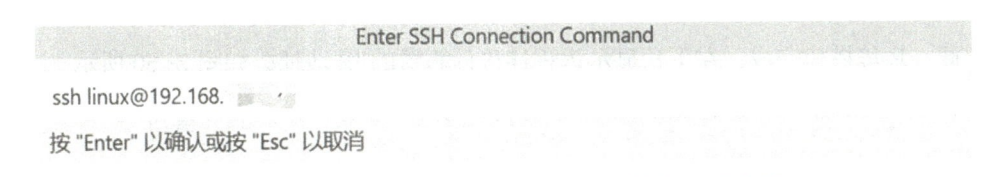

图 2-54　输入 SSH 连接需要的 IP 地址和登录账号

③在弹出的输入框中，选择 "SSH configuration" 文件，选择默认的第一个选项即可，如图 2-55 所示。

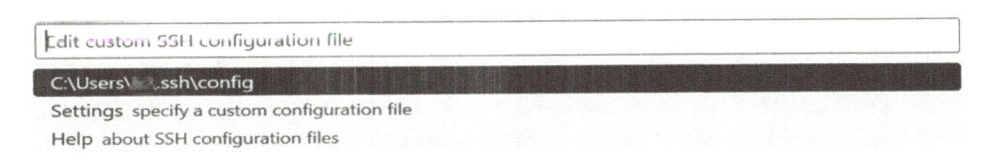

图 2-55　选择 SSH 配置文件

④在弹出的 Host added! 框中选择 "Connect" 进行远程连接，如图 2-56 所示。

图 2-56　选择 Connect 进行远程连接

⑤在弹出的输入框中，选择 "Linux"，然后选择 "Continue"，输入登录远程计算机的密码，连接远程计算机，如图 2-57、图 2-58、图 2-59 所示。

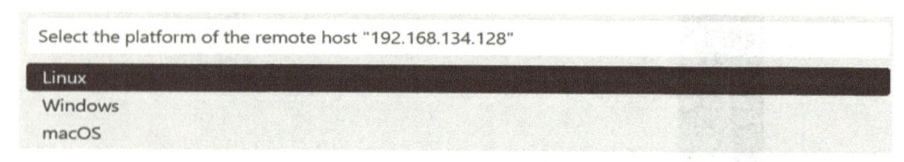

图 2-57　选择远程连接的平台

图 2-58　选择"Continue"继续

图 2-59　输入远程登录的密码

至此，环境搭建完成，左下角显示远程连接计算机的 IP 地址，如图 2-60 所示。

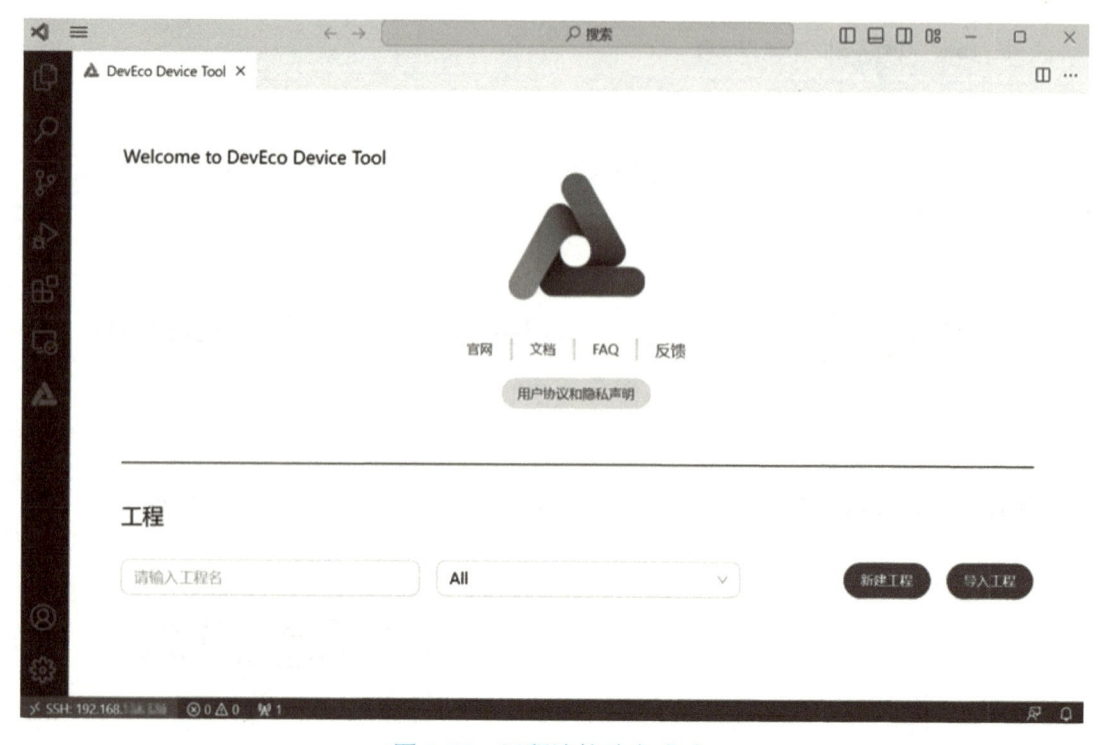

图 2-60　远程连接建立成功

2.1.4 获取源码

OpenHarmony 的代码以组件的形式开放，开发者可以通过如下方式获取。

获取方式一：通过 DevEco Device Tool 创建 OpenHarmony 工程时，可自动下载相应版本的 OpenHarmony 源码。

获取方式二：从镜像站点下载归档后的发行版压缩文件。如果要获取旧版本的源码，也可通过此方式获取，此方式下载速度较快。

获取方式三：从 Github 或者 Gitee（码云）代码仓库获取。通过 repo 或 git 工具从代码仓库中下载，此方式可获取最新代码。

获取方式四：通过 DevEco Marketplace 网站获取。访问 DevEco Marketplace 网站，查找满足需要的开源发行版，直接下载，再通过 hpm-cli 命令工具将所需的组件及工具链安装到本地。

上述获取源代码的四种方式可以根据开发环境和实际需求来选择，下面将详细介绍各种方式获取源码的步骤。

（1）IDE 获取源码

只有在 Windows 环境通过 Remote-SSH 远程连接上 Ubuntu 环境的情况下，才可以创建 OpenHarmony 新工程。

操作步骤如下。

①打开 DevEco Device Tool，进入主页，单击"新建工程"按钮创建新的工程，如图 2-61 所示。

图 2-61 新建工程

②在新工程的配置向导页，配置工程相关信息，如图 2-62 所示，包括如下内容。

- OpenHarmony 源码列表，如图 2-63 所示，选择需要下载的 OpenHarmony 源码。OpenHarmony 稳定版本源码，支持 OpenHarmony-v3.0.3-LTS、OpenHarmony-v3.1-Release 和各 OpenHarmony-v3.2-Beta 系列版本。通过 IDE 获取的源码可能不是最新源码。如果需要获取最新源码，可以参考后续讲解的其他方式。
- 工程名：设置工程名称。
- 工程路径：选择工程文件存储路径。
- SOC：选择支持的芯片。
- 开发板：选择支持的开发板。
- 产品：选择产品。

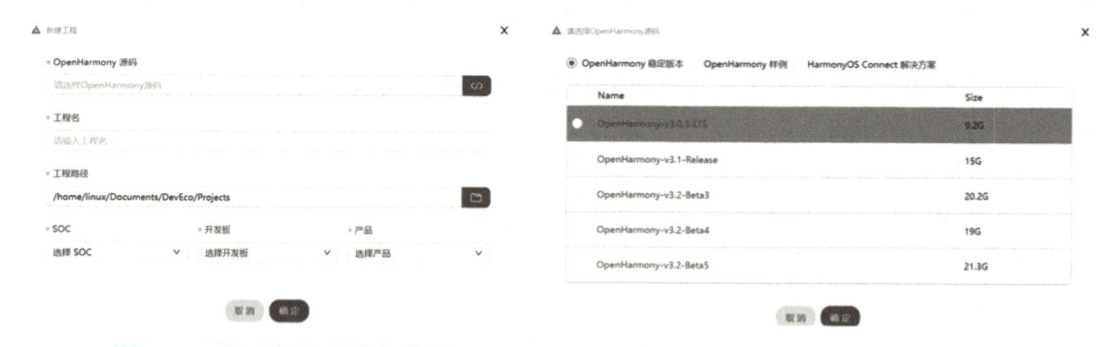

图 2-62　新工程的配置向导页　　　　　图 2-63　OpenHarmony 源码列表

③选择需要的源码版本，工程配置完成后，单击"确定"按钮，DevEco Device Tool 会自动启动 OpenHarmony 源码的下载，如图 2-64 所示。由于 OpenHarmony 稳定版本源码包容量较大，请耐心等待源码下载完成。

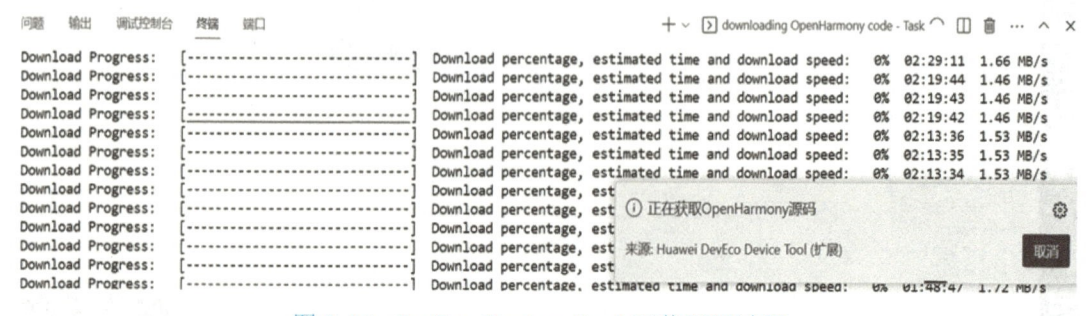

图 2-64　DevEco Device Tool 下载源码过程

（2）镜像站点获取源码

为了获得更好的下载性能，可以选择从 gitee 站点的镜像库获取源码或者对应的解决方案。找到如表 2-2 所示源码列表，此表格中只提供了部分版本的源码，单击"站点"按钮可以下载所需版本源码或者对应的解决方案。

第 2 章 搭建 OpenHarmony 开发环境

表 2-2 获取源码路径

LTS 版本源码	版本信息	下载站点	SHA256 校验码	软件包容量
全量代码（标准、轻量和小型系统）	3.0	站点	SHA256 校验码	7.0 GB
标准系统解决方案（二进制）	3.0	站点	SIIA256 校验码	973.7 MB
Hi3861 解决方案（二进制）	3.0	站点	SHA256 校验码	16.5 MB
Hi3518 解决方案（二进制）	3.0	站点	SHA256 校验码	158.1 MB
Hi3516 解决方案 -LiteOS（二进制）	3.0	站点	SHA256 校验码	248.9 MB
Hi3516 解决方案 -Linux（二进制）	3.0	站点	SHA256 校验码	418.1 MB
RELEASE-NOTES	3.0	站点	—	—
最新发布版本源码	版本信息	下载站点	SHA256 校验码	软件包容量
全量代码 Beta 版本（标准、轻量和小型系统）	3.2 Release	站点	SHA256 校验码	21.8 GB
Hi3861 解决方案（二进制）	3.2 Release	站点	SHA256 校验码	22.9 MB
Hi3516 解决方案 -LiteOS（二进制）	3.2 Release	站点	SHA256 校验码	294.3 MB
Hi3516 解决方案 -Linux（二进制）	3.2 Release	站点	SHA256 校验码	174.3 MB
RK3568 标准系统解决方案（二进制）	3.2 Release	站点	SHA256 校验码	3.9 GB
RELEASE-NOTES	3.2 Release	站点	—	—
编译工具链	版本信息	下载站点	SHA256 校验码	软件包容量
编译工具链获取清单	—	站点	—	—

本书选择的源码版本为：OpenHarmony v3.1 Release，如图 2-65 所示。读者可以根据项目实际情况选择合适的版本。

- **OpenHarmony v3.1 Release (2022-03-30)**
  - OpenHarmony v3.1.7 Release (2023-04-04)
  - OpenHarmony v3.1.6 Release (2023-02-06)
  - OpenHarmony v3.1.5 Release (2023-01-10)
  - OpenHarmony v3.1.4 Release (2022-11-02)
  - OpenHarmony v3.1.3 Release (2022-09-30)
  - OpenHarmony v3.1.2 Release (2022-08-24)
  - OpenHarmony v3.1.1 Release (2022-05-31)

图 2-65　OpenHarmony v3.1 Release

找到 OpenHarmony v3.1 Release 源码列表，如表 2-3 所示，下载全量代码（标准、轻量和小型系统）3.1 Release 版本，源码以压缩包形式下载。

表 2-3　获取源码路径

版本源码	版本信息	下载站点	SHA256 校验码
全量代码（标准、轻量和小型系统）	3.1 Release	站点	SHA256 校验码
Hi3516 标准系统解决方案（二进制）	3.1 Release	站点	SHA256 校验码
RK3568 标准系统解决方案（二进制）	3.1 Release	站点	SHA256 校验码
Hi3861 轻量系统解决方案（二进制）	3.1 Release	站点	SHA256 校验码
Hi3516 轻量系统解决方案 -LiteOS（二进制）	3.1 Release	站点	SHA256 校验码
Hi3516 轻量系统解决方案 -Linux（二进制）	3.1 Release	站点	SHA256 校验码
标准系统 SDK 包（macOS）	3.1 Release	站点	SHA256 校验码
标准系统 SDK 包（Windows/Linux）	3.1 Release	站点	SHA256 校验码
标准系统 SDK 包	3.2 Canary	仅支持通过 HUAWEI DevEco Studio 加载	NA
编译工具链获取清单	—	站点	—

如果通过 Windows 系统下载源码，需要将源码压缩包传输到 Ubuntu 系统，可以在 Windows 系统中安装 Filezilla 等文件传输工具进行上传；也可以在 Ubuntu 系统上配置 Samba 服务，并在 Windows 系统设置映射网络驱动器来实现文件共享。

源码被共享到 Ubuntu 后，执行如下命令，将共享目录下的源码压缩包解压到指定目录下。

```
sudo mkdir ~/openharmony          # 创建自定义目录
sudo tar -xvf /home/linux/share/code-v3.1-Release.tar.gz -C ~/openharmony/   # 解压到指定目录
```

源码被压缩后，若是基于 IDE 开发，则可以在 Windows 环境中使用 DevEco Device Tool 进行项目导入，需要提前通过 Remote SSH 远程连接 Ubuntu 环境。打开 DevEco Device Tool，进入主页，单击"导入工程"按钮创建新工程，如图 2-66 所示。

图 2-66　导入工程

选择工程路径，当浏览到 OpenHarmony 源码目录结构，单击"OK"按钮，选择开发需要的产品、系统、开发板等配置信息，再单击"打开"按钮，如图 2-67、图 2-68 所示。

图 2-67　选择导入工程的路径　　　　　图 2-68　选择配置信息

（3）从 Gitee 代码仓库获取

目前，一些常用的代码托管平台，比如 GitHub 和 Gitee 等，都使用了 Git 作为主要的代码版本管理工具。

说明：

● GitHub 是一个基于 Git 的代码托管平台，也是全球最流行的开源项目托管服务平台，诸如 Linux、AOSP 等著名的开源项目都托管在 GitHub 上。

● Gitee（码云）是我国开发的基于 Git 的代码托管和协作开发平台，是我国本土的开源项目的汇聚地。OpenHarmony 项目就托管在 Gitee 平台上。

本文选择从码云代码仓库，通过 repo 或 git 工具获取 OpenHarmony 项目的完整源代码。

①提前准备。

a. 注册码云 Gitee 账号。

登录 Gitee 官网，进行账号注册。

b. 注册码云 SSH 公钥。

Gitee 提供了基于 SSH 协议的 Git 服务，在使用 SSH 协议访问仓库之前，需要先配置好账户 SSH 公钥。在 Ubuntu 系统执行如下指令，生成密钥。

```
ssh –keygen –t rsa –C "你的邮箱账号"
```

这里建议设置成与自己的 Gitee 账号的邮箱一致，防止出现差异性问题，如图 2-69 所示。

```
linux@linux-virtual-machine:~$ ssh-keygen -t rsa -C "      @qq.com"
Generating public/private rsa key pair.
Enter file in which to save the key (/home/linux/.ssh/id_rsa):
Created directory '/home/linux/.ssh'.
Enter passphrase (empty for no passphrase):
Enter same passphrase again:
Your identification has been saved in /home/linux/.ssh/id_rsa
Your public key has been saved in /home/linux/.ssh/id_rsa.pub
The key fingerprint is:
SHA256:bCbXAUGRoCnBsN9UouNsLsorokKDCCiQhqHHJc8Py+M      @qq.com
The key's randomart image is:
+---[RSA 3072]----+
|+=o o oo=+       |
|=+.B =  ..       |
|* * B    .       |
|+= * + . .       |
|= = = o S .      |
|o=  . . =        |
|o o E            |
|*.               |
|Bo.              |
+----[SHA256]-----+
```

图 2-69　生成 SSH 密钥

通过按三次 Enter 键确定，此时密钥就生成完毕，在 /home/linux/.ssh 目录下有两个文件——id_rsa（私钥文件）和 id_rsa.pub（公钥文件）。

读取公钥文件 ~/.ssh/id_rsa.pub。

```
cat ~/.ssh/id_rsa.pub
```

②复制终端输出的公钥。

用户可以通过 Gitee 平台的"个人设置 -> 安全设置 ->SSH 公钥 -> 添加公钥"，将复制的公钥粘贴到 Gitee 中，如图 2-70、图 2-71 所示。

图 2-70　Gitee 公钥设置　　　　　　　　图 2-71　添加公钥

Ubuntu 系统通过 "ssh -T" 测试，在中间输入 "yes"，输出 SSH Key 绑定的用户名即可，如图 2-72 所示。

```
ssh –T git@gitee.com
```

图 2-72　Ubuntu 测试 SSH 连接 Gitee

③安装 Git 客户端和 git-lfs 并配置用户信息，Ubuntu 终端执行如下命令。

```
sudo apt-get install git-core git-lfs

git config --global user.name "你的用户名"
git config --global user.email "你的邮箱地址"
git config --global credential.helper store
```

④执行如下命令安装码云 repo 工具。

下述命令中的安装路径以 "~/bin" 为例，请用户自行创建所需目录。

```
mkdir ~/bin
sudo apt install curl
curl https://gitee.com/oschina/repo/raw/fork_flow/repo-py3 -o ~/bin/repo
chmod a+x ~/bin/repo
pip3 install -i https://repo.huaweicloud.com/repository/pypi/simple requests
```

⑤执行如下命令将 repo 添加到环境变量中。

```
vim ~/.bashrc          # 编辑环境变量
export PATH=~/bin:$PATH   # 在环境变量的最后添加一行 repo 路径信息
```

编辑完成后，使用"source ~/.bashrc"命令应用环境变量。

⑥操作步骤。

发布版本代码相对比较稳定，开发者可基于发布版本代码进行商用功能开发。Master 主干为开发分支，开发者可通过 Master 主干获取最新特性。

a. OpenHarmony 主干代码获取。

方式一（推荐）：通过 repo + ssh 下载（需注册公钥，具体步骤请参考码云的帮助中心）。代码如下。

```
repo init -u git@gitee.com:openharmony/manifest.git -b master --no-repo-verify
repo sync -c
repo forall -c "git lfs pull"
```

方式二：通过 repo + https 下载。代码如下。

```
repo init -u https://gitee.com/openharmony/manifest.git -b master --no-repo-verify
repo sync -c
repo forall -c "git lfs pull"
```

b. OpenHarmony 发布版本代码获取。

方式一（推荐）：通过 repo + ssh 下载（需注册公钥，请参考码云帮助中心）。代码如下。

```
repo init -u git@gitee.com:openharmony/manifest.git -b refs/tags/OpenHarmony-v3.1-Release --no-repo-verify
repo sync -c
repo forall -c "git lfs pull"
```

方式二：通过 repo + https 下载。代码如下。

```
repo init -u https://gitee.com/openharmony/manifest.git -b refs/tags/OpenHarmony-v3.1-Release
--no-repo-verify
repo sync -c
repo forall -c "git lfs pull"
```

（4）从 DevEco Marketplace 获取

对于刚接触 OpenHarmony 的用户，若希望能够参考一些示例解决方案进行快速开发，可以在 DevEco Marketplace 网站获取下载开源发行版，也可以在开源发行版的基础上定制（添加或删除组件）。然后通过包管理器命令行工具（hpm-cli）将需要的组件及相关的编译工具链全部下载、安装到本地。

①前提条件。

先在本地安装 Node.js 和 hpm 命令行工具，安装步骤如下。

a. 安装 Node.js。

前往 Node.js 官网下载并在 Ubuntu 系统上安装 Node.js（版本需不低于 12.x，且包含 npm 6.14.4），推荐安装 LTS 版本，本书采用的版本为：node-v12.18.4-linux-x64.tar.gz，创建 node 目录并将下载后的 Node.js 软件包解压到该目录。

```
mkdir ~/node
tar -xvf node-v12.18.4-linux-x64.tar.gz -C ~/node
```

设置环境变量如下。

```
vim ~/.bashrc
export NODE_HOME=~/node/node-v12.18.4-linux-x64
export PATH=$NODE_HOME/bin:$PATH

source ~/.bashrc  # 保存修改并重新应用环境变量
node --version    # 查看当前 node 版本
```

b. 通过 Node.js 自带的 npm 安装 hpm 命令行工具，执行以下命令。

```
npm install -g @ohos/hpm-cli
```

如果出现如图 2-73 所示警告信息，就是缺少一个文件名为 package.json 的系统文件。主要原因是首次使用 npm 安装模块，并没有进行 npm 的初始化操作。

```
linux@linux-virtual-machine:~$ npm install -g@ohos/hpm-cli
npm WARN saveError ENOENT: no such file or directory, open '/home/linux/package.json'
npm WARN enoent ENOENT: no such file or directory, open '/home/linux/package.json'
npm WARN linux No description
npm WARN linux No repository field.
npm WARN linux No README data
npm WARN linux No license field.
```

图 2-73　缺少 package.json 系统文件警告

执行如下命令进行初始化。

npm init –y

之后使用安装命令会发现图 2-73 中的警告还剩最后两个，如图 2-74 所示。

```
linux@linux-virtual-machine:~$ npm install -g@ohos/hpm-cli
npm WARN linux@1.0.0 No description
npm WARN linux@1.0.0 No repository field.
```

图 2-74　package.json 缺少配置警告

这是因为系统在配置 package.json 文件的时候并没有设置 description 字段和存储库字段，需要用户手动设置。直接用 vim 打开这个文件进行编辑。description 字段的内容不为空即可；将第二个 private 字段（权限）设置为"私有"即可，如图 2-74 所示。接下来就可以正常使用 npm 安装命令了。

```
{
  "name": "linux",
  "version": "1.0.0",
  "description": "npm-install-package",
  "main": "index.js",
  "scripts": {
    "test": "echo \"Error: no test specified\" && exit 1"
  },
  "keywords": [],
  "author": "",
  "license": "ISC",
  "private": true
}
```

图 2-75　设置 description 和 private 字段

c. 安装完成后执行如下命令，显示 hpm 版本，表示安装成功。

hpm –V 或 hpm ––version

d. 如果升级 hpm 的版本，请执行如下命令。

npm update –g @ohos/hpm-cli

② 操作步骤。

a. 查找发行版。

● 访问 DevEco Marketplace 官网，设定搜索的对象为设备组件，并在左侧边栏选择开源发行版，如图 2-76 所示。

● 在搜索框输入关键字搜索，如"摄像头"。

● 结果中显示与关键字匹配的发行版，可以进一步根据组件类别等过滤条件（如适配的开发板、内核）精确筛选。

● 查找合适的发行版，单击查看发行版的详情介绍。

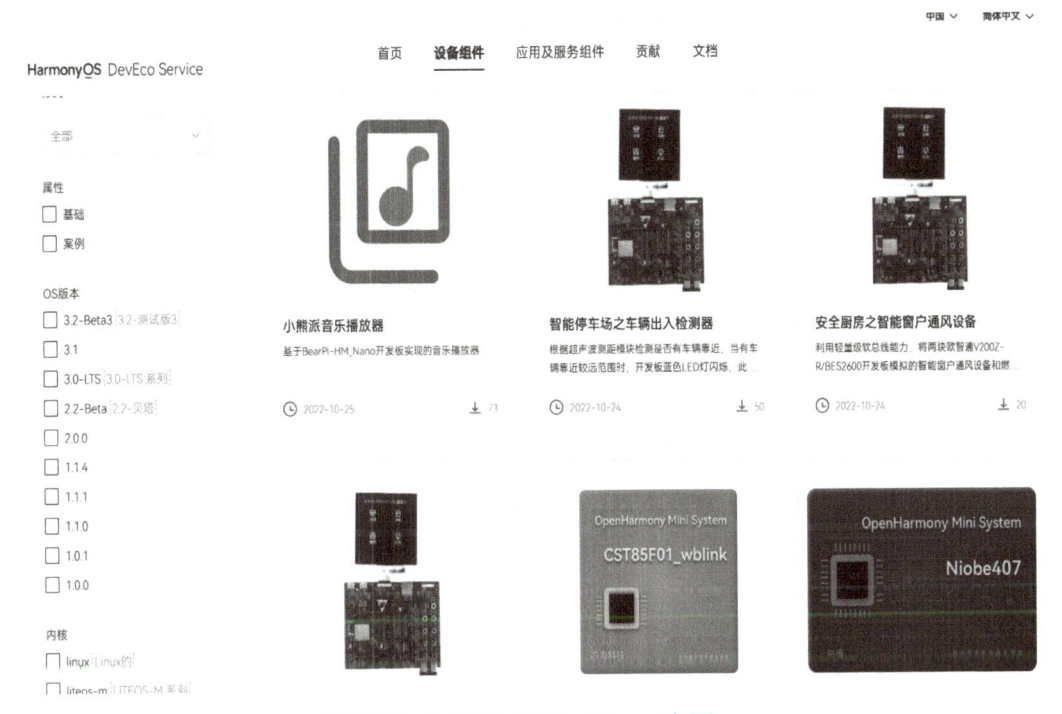

图 2-76　DevEco Marketplace 官网

b. 了解发行版详情。

● 仔细阅读发行版的说明信息，以了解使用场景、特性、组件构成、使用方法以及如何进行定制化，如图 2-77 所示。

● 单击"直接下载"按钮，将发行版下载到本地。

● 单击"定制组件"按钮，将对发行版包含的组件进行定制（添加/删除）。

图 2-77　发行版详情

c. 定制组件。
- 进入发行版的定制页面，如图 2-78 所示。
- 通过关闭开关移除可选组件，或者通过"添加组件"增加新的组件。
- 在右边填写项目基本信息，包括名称、版本、描述等信息。
- 单击"下载"按钮，系统会根据选择生成相应的 OpenHarmony 代码结构文件（如 my_cust_dist.zip），保存至本地文件。

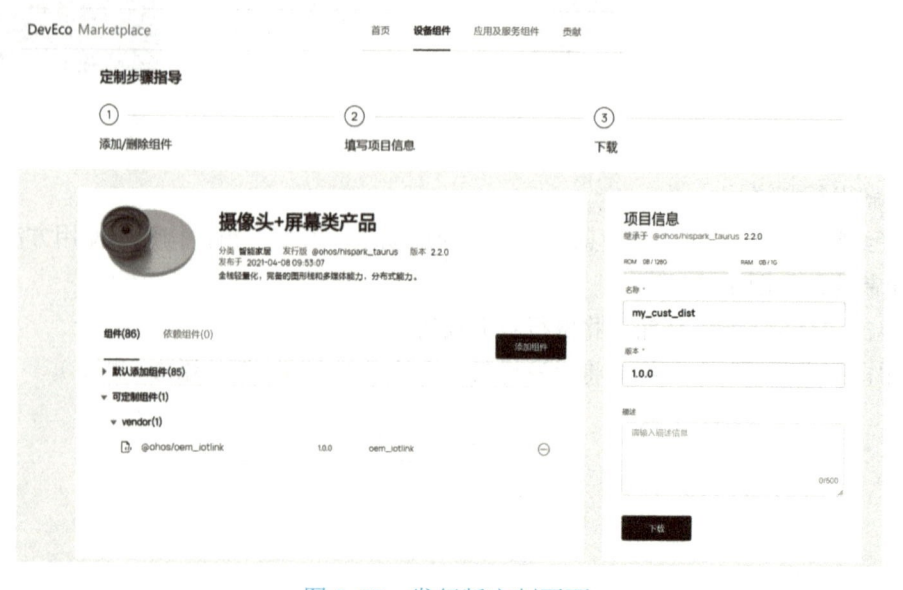

图 2-78　发行版定制页面

d. 安装组件。
- 解压下载的压缩文件，使用命令行工具 CMD（Linux 下的 Shell 终端）。
- 在解压后的文件目录下执行 hpm install 指令，系统会自动下载并安装组件。安装窗口显示"Install successful"表示组件下载及安装成功。
- 下载的组件将保存在工程目录下的 ohos_bundles 文件夹中（部分组件安装后会将源码复制到指定目录下）。

2.1.5 源码目录简介

下载源码后，OpenHarmony v3.1 Release 源码目录结构和基本描述如表 2-4 所示，每个目录的具体用途将在后续章节进行介绍。

表 2-4 OpenHarmony v3.1 Release 目录结构

目录名	描述
applications	应用程序样例，包括 camera 等
base	基础软件服务子系统集 & 硬件服务子系统集
build	组件化编译、构建和配置脚本
docs	说明文档
domains	增强软件服务子系统集
drivers	驱动子系统
foundation	系统基础能力子系统集
kernel	内核子系统
prebuilts	编译器及工具链子系统
test	测试子系统
third_party	开源第三方组件
utils	常用的工具集
vendor	厂商提供的软件
build.py	编译脚本文件

2.1.6 入门案例

下面将基于 OpenHarmony v3.1 Release 源码开发一个案例，通过串口调试输出"【DEMO】Hello World!"字符串。下载源码后，打开 DevEco Device Tool，进入主页，单击"导入工程"按钮导入 OpenHarmony 源码工程，如图 2-79 所示。

OpenHarmony 编译构建和系统移植

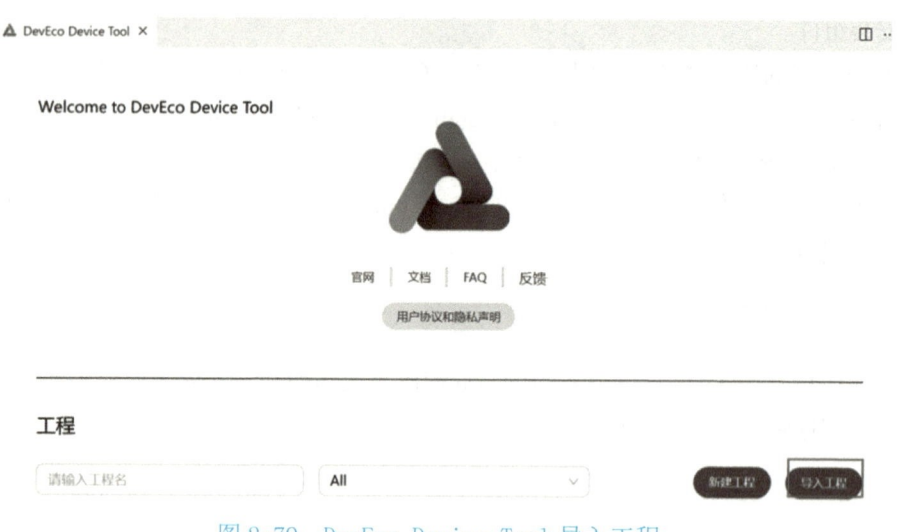

图 2-79　DevEco Device Tool 导入工程

选择工程路径，当浏览到 OpenHarmony 源码目录结构，单击"OK"按钮，如图 2-80、图 2-81 所示。

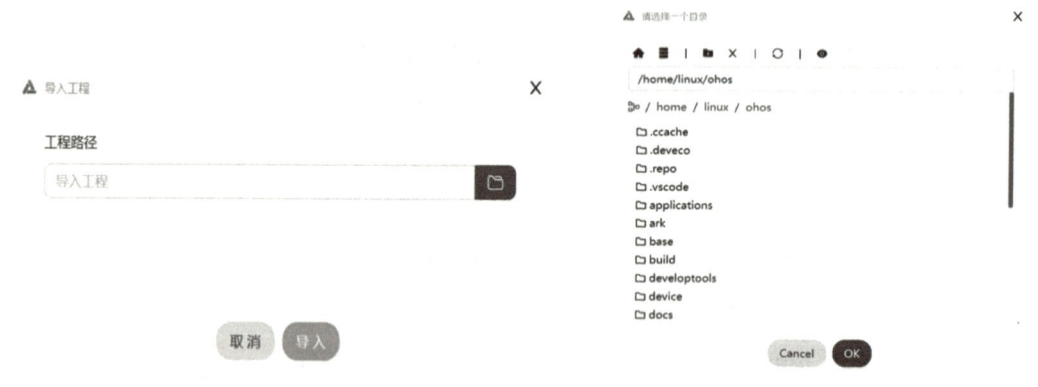

图 2-80　选择工程路径

图 2-81　选择 OpenHarmony 源码目录

选择开发需要的产品、系统、开发板等配置信息，如图 2-82 所示，单击"打开"按钮。

开发者编写业务代码时，先在 ./applications/sample/wifi-iot/app 路径下新建一个目录（或一套目录结构），用于存放业务源码文件。

例如：在"app"下新增业

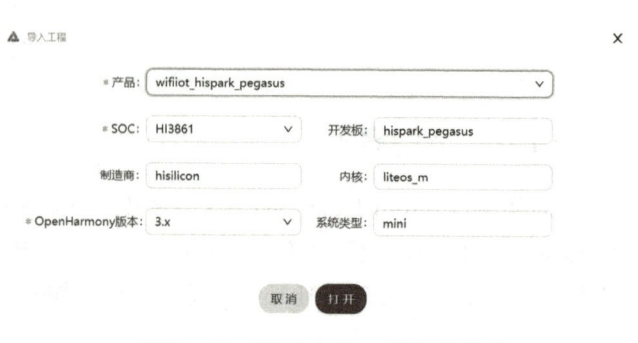

图 2-82　配置产品、系统等信息

务 my_first_app，其中 hello_world.c 为业务代码，BUILD.gn 为编译脚本，具体规划目录结构如图 2-83 所示。

在 ./applications/sample/wifi-iot/app/my_first_app 目录下新建 hello_world.c 文件，代码如图 2-84 所示。

```
└── applications
    └── sample
        └── wifi-iot
            └── app
                └── my_first_app
                    ├── hello_world.c
                    └── BUILD.gn
```

图 2-83　案例规划目录结构

```c
#include <stdio.h>
#include "ohos_init.h"
#include "ohos_types.h"

void HelloWorld(void)
{
    printf("[DEMO] Hello world.\n");
}
SYS_RUN(HelloWorld);
```

图 2-84　hello_world.c 源码

在 ./applications/sample/wifi-iot/app/my_first_app 目录下新建 BUILD.gn 文件，并完成如图 2-85 所示配置（注意：BUILD.gn 文件中不要出现 tab 字符，所有 tab 字符用空格代替）。

修改 build/lite/components/applications.json 文件，在 "components" 字段对应的 [] 内添加组件 hello_world_app 的配置，如图 2-86 所示。

修改 vendor/hisilicon/hispark_pegasus/config.json 文件，新增 hello_world_app 组件的条目，如图 2-87 所示（"##start##" 和 "##end##" 仅用来标识位置，添加完配置后删除这两行）。

```
static_library("myapp") {
    sources = [
        "hello_world.c"
    ]
    include_dirs = [
        "//utils/native/lite/include"
    ]
}
```

图 2-85　BUILD.gn 配置信息

```json
{
    "component": "hello_world_app",
    "description": "hello world samples.",
    "optional": "true",
    "dirs": [
        "applications/sample/wifi-iot/app/my_first_app"
    ],
    "targets": [
        "//applications/sample/wifi-iot/app/my_first_app:myapp"
    ],
    "rom": "",
    "ram": "",
    "output": [],
    "adapted_kernel": [ "liteos_m" ],
    "features": [],
    "deps": {
        "components": [],
        "third_party": []
    }
},
```

图 2-86　applications.json 配置信息

```json
{
    "subsystem": "applications",
    "components": [
##start##
        { "component": "hello_world_app", "features":[] },
##end##
        { "component": "wifi_iot_sample_app", "features":[] }
    ]
},
```

图 2-87　config.json 配置信息

2.1.7 编译代码

打开"工程配置",DevEco Device Tool 会自动检测环境配置,可以按照提示安装编译器、烧录器和 OpenHarmony 环境依赖,如图 2-88 所示。

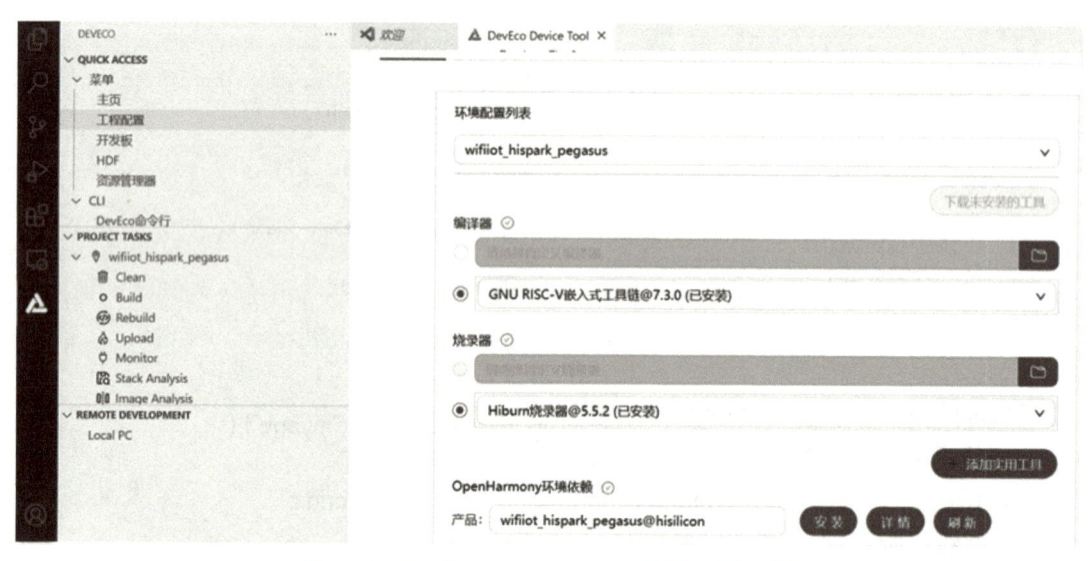

图 2-88 DevEco Device Tool 自检环境配置

在 DevEco Device Tool 界面的"PROJECT TASKS"中,单击对应开发板下的"Build"按钮,执行编译。等待编译完成,若在 TERMINAL 窗口输出"SUCCESS",则表示编译完成,如图 2-89 和图 2-90 所示。

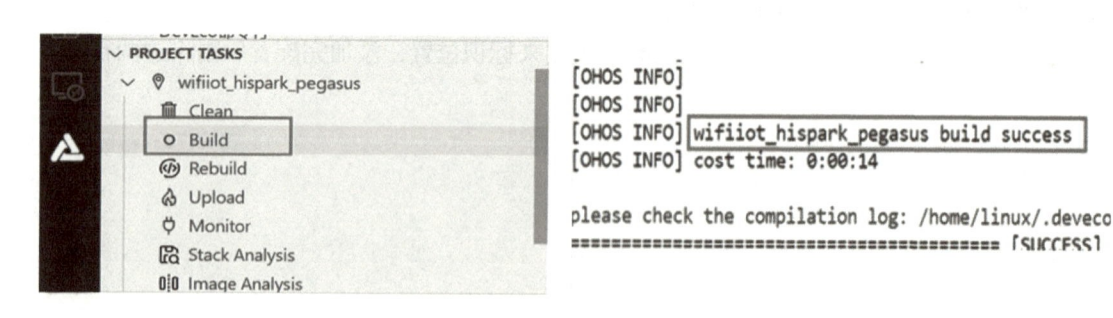

图 2-89 DevEco Device Tool 的 Build 功能

图 2-90 编译成功

2.1.8 烧录代码

下载 CH341SER USB 驱动程序,安装 USB 转串口的驱动程序后,将 USB 与 Hi3861 开发板进行连接。可以通过"设备管理器→端口→ USB → SERIAL CH340"检查驱动是否安装成功,如图 2-91 所示。

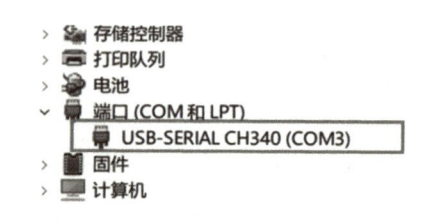

图 2-91 SERIAL CH340 驱动安装成功

在"工程配置"设置相应产品烧录选项，如图 2-92 和图 2-93 所示。

- upload_port：选择已查询的串口号。
- upload_protocol：选择烧录协议，此处选择"hiburn-serial"。
- upload_partitions：选择待烧录的文件名称。DevEco Device Tool 已预置默认的烧录文件信息。

图 2-92　工程配置

图 2-93　烧录选项

在"PROJECT TASKS"列表中，单击"Upload"按钮，启动烧录，如图 2-94 所示。

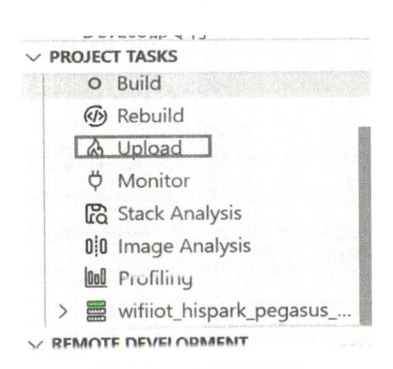

图 2-94　启动烧录

启动烧录后，显示如图 2-95 所示提示信息时，请在 15 秒内，按下开发板上的"RST"按钮重启开发板。

```
SerialPort has been connected!
********************************************************************
* Please reset the device. If it doesn't work, please try it again. *
********************************************************************
```

图 2-95　串口已连接，请复位设备

设备重新上电后，界面提示如图 2-96 所示信息时，表示烧录成功。

```
BootromDownloadBoot.
Ready for download Hi3861_loader_signed.bin.
###############    ---- 100.00%
total size: 0x3c00.
=========================================================
Ready for download Hi3861_wifiiot_app_burn.bin.
###############################################    ----  8.62%
###############################################    ---- 17.38%
###############################################    ---- 26.13%
###############################################    ---- 34.89%
###############################################    ---- 43.65%
###############################################    ---- 52.40%
###############################################    ---- 61.16%
###############################################    ---- 69.92%
###############################################    ---- 78.67%
###############################################    ---- 87.43%
###############################################    ---- 96.19%
###############################    ---- 100.00%
Burn Successful!
total size: 0xb6b70.
=========================================================
All images burn successfully.
======================= [SUCCESS] Took 68.77 seconds =======================
```

图 2-96　烧录成功

2.1.9　运行代码

在 Windows 上可以使用 MobaXterm 串口调试工具获取代码运行输出信息，单击"Session"按钮，选择"Serial"，设置好串口和比特率（推荐 115200），单击"OK"按钮进行串口连接，如图 2-97、图 2-98 所示。

图 2-97　MobaXterm 串口调试工具界面

图 2-98　设置串口和比特率

连接成功后，按下开发板上的"RST"按钮重启开发板，可以看到输出如图 2-99 所示结果。

图 2-99　程序正常运行

2.1.10 OpenHarmony 系统启动

（1）服务和功能的初始化顺序

在 OpenHarmony 系统启动的过程中，服务（service）和功能（features）按以下顺序进行初始化。

阶段 1：core，即启动内核。
阶段 2：core system service，即启动内核系统服务。
阶段 3：core system feature，即启动内核系统功能。
阶段 4：system startup，即启动系统。
阶段 5：system service，即启动系统服务。
阶段 6：system feature，即启动系统功能。
阶段 7：application-layer servcie，即启动应用层服务。
阶段 8：application-layer feature，即启动应用层功能。

（2）让函数随系统启动而执行的方法

在 ohos_init.h 中定义了 8 个宏，如表 2-5 所示。这 8 个宏可以让一个函数以"优先级 2"在系统启动过程阶段 1~8 执行。也就是说，函数会被标记为入口，在系统启动过程的阶段 1~8，以"优先级 2"被调用。

表 2-5　函数随系统启动而执行的宏

宏名称	启动阶段
CORE_INIT()	阶段 1：core
SYS_SERVICE_INIT()	阶段 2：core system service
SYS_FEATURE_INIT()	阶段 3：core system feature
SYS_RUN()	阶段 4：system startup
SYSEX_SERVICE_INIT()	阶段 5：system service
SYSEX_FEATURE_INIT()	阶段 6：system feature
APP_SERVICE_INIT()	阶段 7：application-layer service
APP_FEATURE_INIT()	阶段 8：application-layer feature

这里出现了优先级这个概念，优先级就是在系统启动的某一个阶段，会有很多个函数被调用，优先级决定了函数的调用顺序。在 OpenHarmony 中，优先级的范围是 0~4，而优先级的顺序是 0、1、2、3、4，也就是标记为"0"的具有最高的优先级。

（3）HelloWorld 的启动时机

在入门案例中，我们使用的是"SYS_RUN"宏，从而可以让 HelloWorld 函数以"优先级 2"在系统启动过程的"阶段 4：system startup"执行。

2.2 基于命令行开发

基于 DevEco Device Tool 开发工具，可以很方便实现 Windows+Ubuntu 混合开发模式，而且 IDE 可以自动检测编译器、烧录器、环境依赖是否安装。IDE 安装和 Remote-SSH 配置成功后，通过图形化方式进行相应工具和依赖的自动安装，以及编译和烧录操作。当然，也可以基于命令行方式开发，下面将具体介绍开发步骤。

2.2.1 开发环境准备

基于命令行模式开发，基本流程是在 Ubuntu 系统上进行开发、编译，再将编译好的固件通过 Samba 服务器共享到 Windows 系统上，通过 Windows 上安装好的 HiBurn 烧录工具将固件烧录到开发板。因此，Ubuntu 首先需要搭建好如下环境。

①配置 Samba 服务器。
②设置 Windows 映射。
③安装依赖工具。
④配置 Python。

上述 4 步可以参考本章 2.1.2 小节，操作方法基本一致。接着下载源码（参考本章 2.1.4 小节），推荐使用 repo 工具从 gitee 代码仓库获取。

在源码根目录下执行 prebuilts 脚本，安装编译器及二进制工具。

```
bash build/prebuilts_download.sh
```

2.2.2 安装编译工具

（1）安装 hb

在 Ubuntu 环境下安装 hb，hb 是 OpenHarmony 的命令行工具，用来执行编译命令。

①在源码根目录下，运行如下命令安装 hb，安装成功显示界面如图 2-100 所示。

```
pip3 install --user build/lite
```

```
Successfully built ohos-build
Installing collected packages: ohos-build
Successfully installed ohos-build-0.4.6
```

图 2-100　hb 命令行工具安装成功

②安装成功后，设置如下环境变量。

```
vim ~/.bashrc
```

将以下命令复制到 .bashrc 文件的最后一行，保存并退出。

```
export PATH=~/.local/bin:$PATH
```

执行如下命令更新环境变量。

```
source ~/.bashrc
```

③在源码目录执行"hb -h"，界面显示如图 2-101 所示信息即表示安装成功。

```
usage: hb [-h] [-v] {build,set,env,clean} ...

OHOS Build System version 0.4.6

positional arguments:
  {build,set,env,clean}
    build               Build source code
    set                 OHOS build settings
    env                 Show OHOS build env
    clean               Clean output

optional arguments:
  -h, --help            show this help message and exit
  -v, --version         show program's version number and exit
```

图 2-101　显示 hh 命令帮助信息

（2）安装 GN 和 Ninja

创建 /opt 目录，在这个目录下安装 GN 和 Ninja，具体步骤如下。

①解压 GN 软件包到 /opt/gn 路径下，命令如下。

```
sudo mkdir /opt/gn/
sudo tar -xvf gn-linux-x86-1717.tar.gz -C /opt/gn/
```

②解压 Ninja 软件包到 /opt/ninja 路径下。

```
sudo mkdir /opt/ninja/
sudo tar -xvf ninja.1.9.0.tar -C /opt/ninja/
```

③设置如下环境变量。

```
vim ~/.bashrc
```

④将以下命令复制到 .bashrc 文件的最后一行，保存并退出。

```
export PATH=/opt/gn:$PATH
export PATH=/opt/ninja:$PATH
```

④执行如下命令使环境变量生效。

```
source ~/.bashrc
```

⑤安装完毕后，可以执行如下命令查询 GN 和 Ninja 的版本信息。

```
gn --version
ninja --version
```

（3）安装 LLVM

如果下载的源码为 OpenHarmony_v1.x 分支 / 标签，则按下面的步骤安装 9.0.0 版本的 LLVM。

如果下载的源码为 Master 及非 OpenHarmony_v1.x 分支 / 标签，可直接跳过本小节，hb 会自动下载最新的 LLVM。

①打开 Linux 编译服务器终端。

②下载 LLVM 工具。

③解压 LLVM 安装包至 ~/llvm 路径下。

```
tar -zxvf llvm.tar -C ~/
```

④设置环境变量。

```
vim ~/.bashrc
```

⑤将以下命令复制到 .bashrc 文件的最后一行，保存并退出。

```
export PATH=~/llvm/bin:$PATH
```

⑥执行如下命令使环境变量生效。

```
source ~/.bashrc
```

2.2.3 安装 Hi3861 开发板特有环境

除上述安装库、工具集和安装编译工具外，针对 Hi3861 开发板还需要安装特定的编译工具，如表 2-6 所示。

（1）工具要求

Hi3861 WLAN 模组需要安装的编译工具如表 2-6 所示。

表 2-6 Hi3861 WLAN 模组需要安装的编译工具

开发工具	用途
SCons3.0.4+	编译构建工具
python 模块：setuptools、kconfiglib、pycryptodome、six、ecdsa	编译构建工具
gcc riscv32	编译构建工具

（2）操作步骤

相关操作在 Ubuntu 环境下进行。

①安装 SCons。

运行如下命令，安装 SCons 安装包。

```
python3 –m pip install scons
```

运行如下命令，查看是否安装成功。如果安装成功，查询结果如图 2-102 所示（版本要求 3.0.4 以上）。

```
scons –v
```

```
SCons by Steven Knight et al.:
        SCons: v4.5.2.120fd4f633e9ef3cafbc0fec35306d7555ffd1db, Tue, 21 Mar 2023
 12:11:27 -0400, by bdbaddog on M1DOG2021
        SCons path: ['/home/linux/.local/lib/python3.8/site-packages/SCons']
Copyright (c) 2001 - 2023 The SCons Foundation
```

图 2-102 SCons 版本信息

②安装 Python 模块。

运行如下命令，安装 Python 模块 setuptools。

```
pip3 install setuptools
```

安装 GUI menuconfig 工具（Kconfiglib），建议安装 Kconfiglib 13.2.0+ 版本。

```
sudo pip3 install kconfiglib
```

安装 pycryptodome。

```
sudo pip3 install pycryptodome
```

安装 six。

```
sudo pip3 install six --upgrade --ignore-installed six
```

安装 ecdsa。

```
sudo pip3 install ecdsa
```

③安装 gcc_riscv32（WLAN 模组类编译工具链）。

下载好 gcc_riscv32 压缩包后，执行以下命令将压缩包解压到根目录。

```
tar -xvf gcc_riscv32-linux-7.3.0.tar.gz -C ~
```

设置环境变量。

```
vim ~/.bashrc
```

将以下命令复制到 .bashrc 文件的最后一行，保存并退出。

```
export PATH=~/gcc_riscv32/bin:$PATH
```

执行如下命令使环境变量生效。

```
source ~/.bashrc
```

在 shell 命令行中输入如下命令，如果能正确显示编译器版本号，则表明编译器安装成功。

```
riscv32-unknown-elf-gcc -v
```

2.2.4 编辑和编译代码

代码编辑可参考本章 2.1.6 小节的入门案例，代码编写完成后进行编译。OpenHarmony 支持 hb 和 build.sh 两种编译方式，此处介绍 hb 方式。

（1）前提条件
- 已正确安装库和工具集。
- 已正确安装编译工具。
- 已正确安装 Hi3861 特有工具。
- "Hello World"程序已编写完成。
- 可正常登录 Ubuntu 环境。

（2）操作步骤
在 Ubuntu 环境下进入源码根目录，执行如下命令进行编译。
① 设置编译路径。

```
hb set
```

② 选择当前路径（.代表当前路径）。

```
.
```

③ 在 hisilicon 下选择 wifiiot_hispark_pegasus 并按 "Enter" 键，如图 2-103 所示。

```
OHOS Which product do you need?  (Use arrow keys)
    bearpi_hm_nano
  ohemu
    qemu_csky_mini_system_demo
    qemu-arm-linux-min
    qemu_riscv_mini_system_demo
    qemu_mini_system_demo
    qemu_cm55_mini_system_demo
    qemu_small_system_demo
    qemu_ca7_mini_system_demo
    qemu_xtensa_mini_system_demo
  bestechnic
    display_demo
    iotlink_demo
    mini_distributed_music_player
    xts_demo
  hisilicon
    ipcamera_hispark_taurus_linux
  > wifiiot_hispark_pegasus
    watchos
    ipcamera_hispark_aries
```

图 2-103　选择产品

④执行编译。

- 单独编译一个部件（例如 hello），可使用"hb build -T 目标名称"进行编译。
- 增量编译整个产品，可使用"hb build"进行编译。
- 完整编译整个产品，可使用"hb build -f"进行编译。

此处以完整编译整个产品为例进行说明。

```
hb build -f
```

⑤编译结束后，出现"build success"字样，则表明构建成功。

2.2.5　烧录

（1）前提条件

进行烧录的前提条件如下。

- 开发板相关源码已编译完成，已形成烧录文件。
- 客户端（操作平台，如 Windows 系统）已下载并安装 HiBurn 工具。
- 客户端（操作平台，如 Windows 系统）已安装 CH341SER USB 转串口驱动。
- 客户端已安装串口终端工具（如 MobaXterm）。
- 使用 USB 线缆连接客户端与开发板。

（2）操作步骤

①将编译出的固件共享到 Windows 操作系统。编译出来的固件位于 out/hispark_pegasus/wifiiot_hispark_pegasus/ 目录下，其中，Hi3861_wifiiot_app_allinone.bin 是要烧录到开发板的固件。

②使用 HiBurn 烧录。

打开 Windows 系统上安装的 HiBurn，选中"select file"，选择要下载的镜像文件，本例中使用镜像为 Hi3861_wifiiot_app_allinone.bin 文件，勾选"Auto burn"选项，单击"Connect"按钮，如图 2-104 所示。

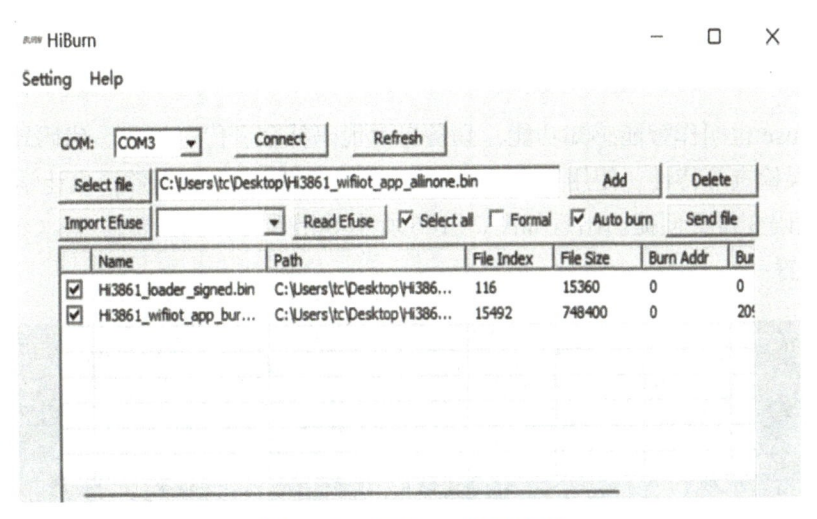

图 2-104　HiBurn 烧录设置

此时按下开发板上面的"RST"复位按钮，即可看到程序已经开始下载，如图 2-105 所示。注意：下载成功后，单击"disconnect"按钮，不然再次复位会重新烧录，也可以关闭 HiBurn 程序。

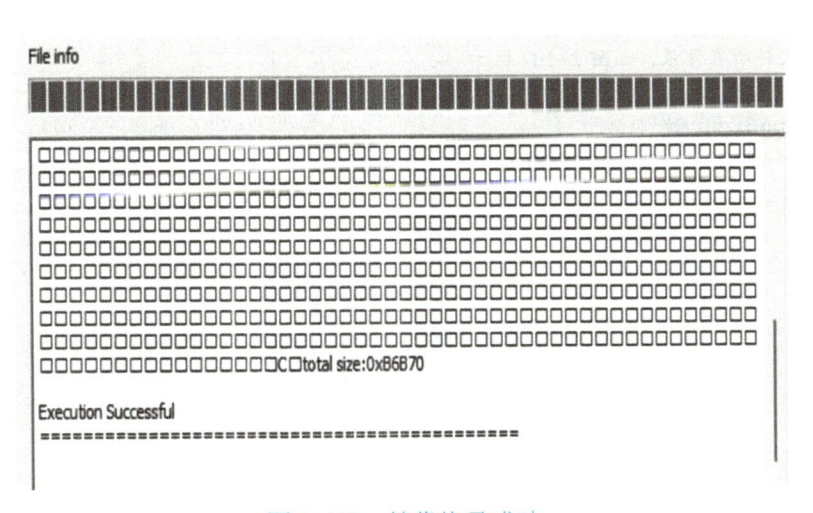

图 2-105　镜像烧录成功

2.2.6　代码运行

代码运行可以参考本章 2.1.9 小节，使用 MobaXterm 串口调试工具获取代码运行输出信息。

2.3 快捷开发

本节将介绍一些可以提高开发效率的小技巧。

2.3.1 VS Code 的 IntelliSense 设置

IntelliSense 也叫作智能感知功能，具备自动代码补全、代码提示、代码导航、右键跳转、实时错误检查等特性。使用这个功能可以让代码编写变得更高效，也让学习 OpenHarmony 开源代码变得更便捷。出现如图 2-106 所示等错误时，就需要对 VS Code 的 IntelliSense 进行设置。

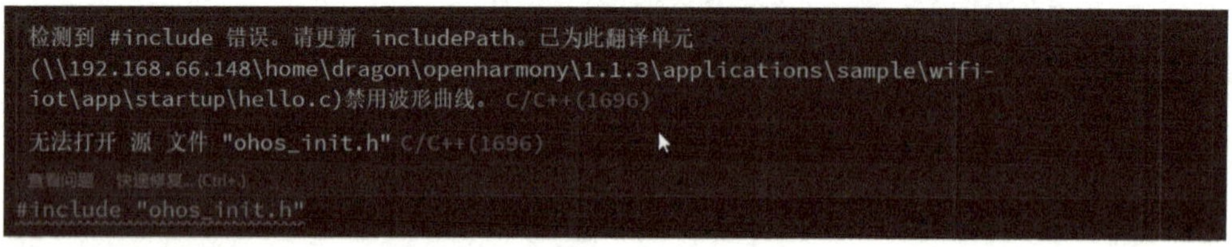

图 2-106　需要设置 IntelliSense 情形

当出现"检测到 #include 错误…"时，原因就是无法打开"ohos_init.h"头文件。这种情况下，说明 C/C++ 插件需要更新 includePath，具体操作如下。

首先，回到 VS Code 的主界面，在源码根目录中找到".vscode"文件夹，在这个文件夹中打开"c_cpp_properties.json"配置文件。在"includePath"部分添加""${workspaceFolder}/utils/native/lite/include""，也就是 ohos_init.h 文件所在目录，如图 2-107 所示。

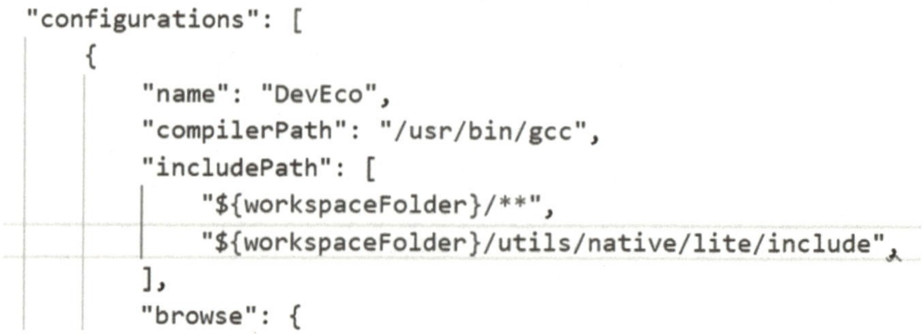

图 2-107　设置 IntelliSense

保存文件，接下来就可以看到"#include "ohos_init.h""这行代码下方的波浪线消失了，这说明刚刚的设置已经生效了。VS Code 还具备的功能为：鼠标指向后的代码提示；编写代码时的自动补全；可以做到"Ctrl+ 单击"进行代码导航；单击鼠标右键可以跳转到速览定义、查看声明、快速查看类型定义或者查看引用，如图 2-108 所示。

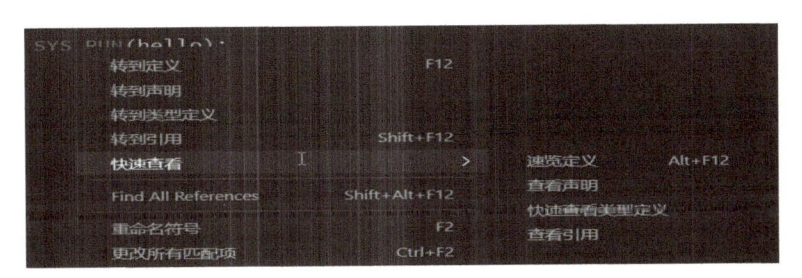

图 2-108　IntelliSense 的使用方法

2.3.2　快速查找文件和代码

当需要在 OpenHarmony 的源码中查找特定问题的答案时，可以使用相关快速查找文件和代码的方式。如果想按照内容查找特定的文件，那么可以使用 grep 命令，具体的用法是"grep -nr ＋要查找的内容"。如果想按照文件名查找，那么可以使用 find 命令，具体用法是"find . -name ＋要查找的文件名"。

示例如下，首先回到编译环境，在源码根目录中打开一个终端窗口。

①如果想知道 SYS_RUN 这个宏到底是在哪一个文件中定义的，就要去查找这个宏的"定义部分"，可以进行如下操作。

```
grep -nr '#define SYS_RUN(fun)'
```

搜索结果会显示 SYS_RUN 这个宏定义在 utils/native/lite/include 目录中的 ohos_init.h 头文件中。

②如果想知道 ohos_init.h 这个头文件具体在什么位置，就可以进行如下操作。

```
find . -name ohos_init.h
```

搜索结果会显示这个头文件的路径为 utils/native/lite/include/ohos_init.h。

第 3 章
GN 和 Ninja 构建流程

OpenHarmony 的编译子系统是以 GN 和 Ninja 构建为基座，对构建和配置粒度进行组件化抽象、对内建模块进行功能增强、对业务模块进行功能扩展的系统，该系统提供以下基本功能。

- 以组件为最小粒度拼装产品和独立编译。
- 支持轻量、小型、标准三种系统的解决方案级版本构建，以及用于支撑应用开发者使用 IDE 开发的 SDK 开发套件的构建。
- 支持芯片解决方案厂商的灵活定制和独立编译。

3.1 基本概念及包含关系

3.1.1 基本概念

在了解编译构建子系统的能力前，应了解如下基本概念。
- 平台：开发板和内核的组合，不同平台支持的子系统和组件不同。
- 产品：产品是包含一系列组件的集合，编译后产品的镜像包可以运行在不同的开发板上。
- 子系统：OpenHarmony 整体遵从分层设计，从下向上依次为：内核层、系统服务层、框架层和应用层。系统功能按照"系统 → 子系统 → 组件"逐级展开，在多设备部署场景下，支持根据实际需求裁剪某些非必要的子系统或组件。子系统是一个逻辑概念，它具体由对应的组件构成。
- 组件：对子系统的进一步拆分，可复用的软件单元，它包含源码、配置文件、资源文件和编译脚本；能独立构建，以二进制方式集成，具备独立验证能力的二进制单元（需要注意的是下文中的芯片解决方案本质是一种特殊的组件）。
- 模块：模块就是编译子系统的一个编译目标，组件也可以是编译目标。
- 特性：特性是组件用于体现不同产品之间的差异。
- GN：Generate Ninja 的缩写，用于产生 Ninja 文件。
- Ninja：Ninja 是一个专注于速度的小型构建系统。
- hb：OpenHarmony 的命令行工具，用来执行编译命令。

基于以上概念，编译子系统通过配置来实现编译和打包，该子系统主要包括模块、组件、子系统、产品。

3.1.2 包含关系

产品、子系统、组件和模块间关系如图 3-1 所示，主要体现为如下。
- 子系统是某个路径下所有组件的集合，一个组件只能属于一个子系统。
- 组件是模块的集合，一个模块只能归属于一个组件。
- 通过产品配置文件配置一个产品包含的组件列表，组件不同的产品配置可以复用。
- 组件可以在不同的产品中实现有差异，通过变体或者特性 feature 实现。
- 模块就是编译子系统的一个编译目标，组件也可以是编译目标。

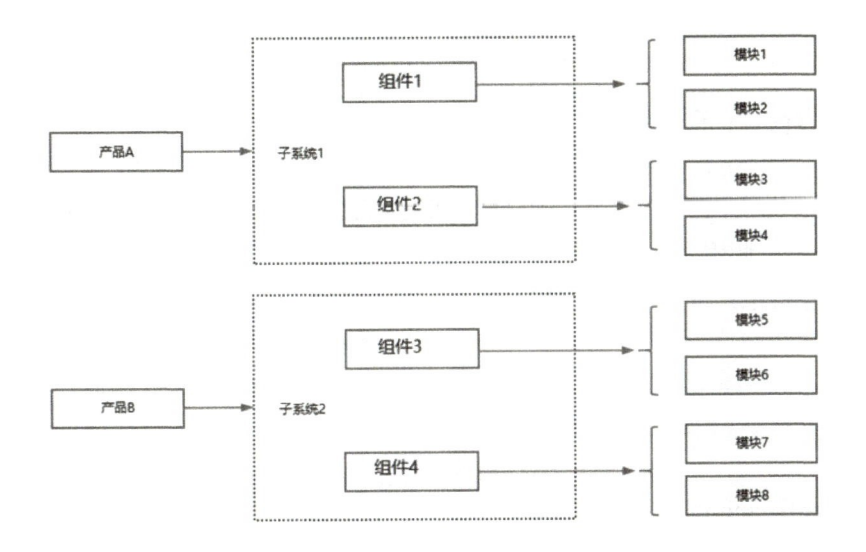

图 3-1　产品、子系统、组件和模块间关系

3.2　运作机制

编译构建可以编译产品、组件和模块，但是不能编译子系统。编译构建流程如图 3-2 所示，主要分设置和编译两步，如图 3-2 所示。

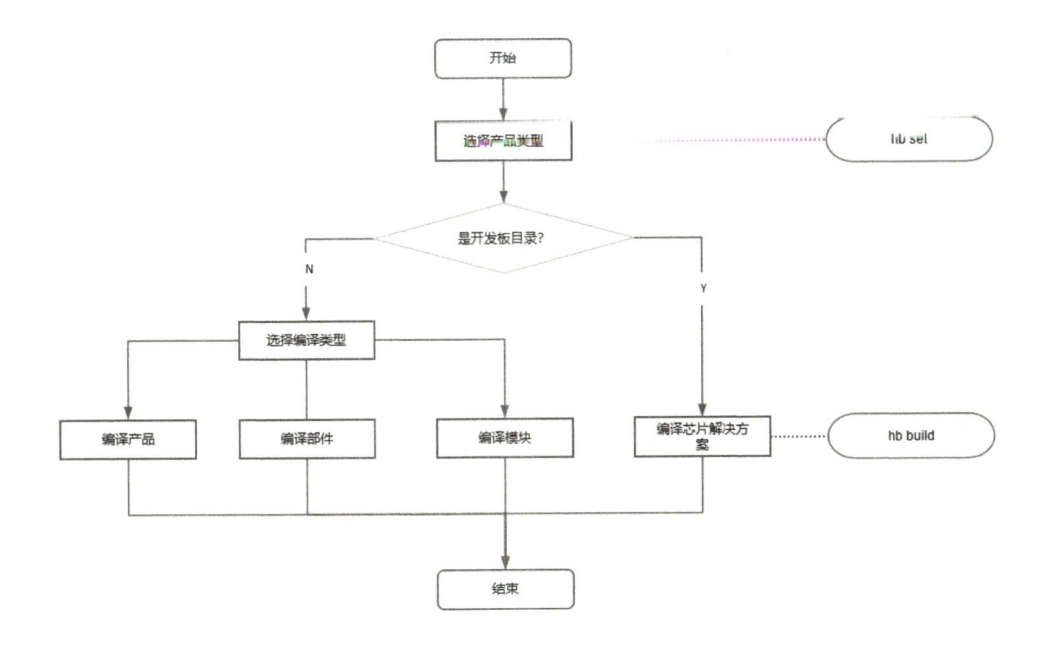

图 3-2　编译构建流程

hb set 用于设置要编译的产品。hb build 用于编译产品、开发板或者组件。编译主要过程如下。

①读取编译配置：根据产品选择的开发板，读取开发板中 config.gni 文件内容，主要包括编译工具链、编译链接命令和选项等。

②调用 GN：调用 gn gen 命令，读取产品配置生成产品解决方案 out 目录和 Ninja 文件。

③调用 Ninja：调用 ninja -C out/board/product 启动编译。

④系统镜像打包：将组件编译产物打包，设置文件属性和权限，制作文件系统镜像。

3.3 hb 工具使用说明

hb 是 OpenHarmony 的命令行工具，用来执行编译命令。下面对 hb 的常用命令进行说明。

3.3.1 hb set

设置源代码根目录和要编译的产品，并生成如下 ohos_config.json 项目配置文件，该文件在后续内容会详细介绍。

```
hb set -h
usage: hb set [-h] [-root [ROOT_PATH]] [-p]

optional arguments:
-h, --help          show this help message and exit
-root [ROOT_PATH], --root_path [ROOT_PATH]
Set OHOS root path
-p, --product       Set OHOS board and kernel
```

- hb set 后无参数，进入默认设置流程。
- hb set -root dir 可直接设置代码根目录。
- hb set -p 设置要编译的产品。

3.3.2 hb env

查看当前设置信息代码如下。

```
hb env
[OHOS INFO] root path: /home/linux/ohos
```

```
[OHOS INFO] board: hispark_pegasus
[OHOS INFO] kernel: liteos_m
[OHOS INFO] product: wifiiot_hispark_pegasus
[OHOS INFO] product path: /home/linux/ohos/vendor/hisilicon/hispark_pegasus
[OHOS INFO] device path: /home/linux/ohos/device/board/hisilicon/hispark_pegasus/liteos_m
[OHOS INFO] device company: hisilicon
```

3.3.3　hb build

```
hb build -h
usage: hb build [-h] [-b BUILD_TYPE] [-c COMPILER] [-t [TEST [TEST ...]]]
[--dmverity] [--tee] [-p PRODUCT] [-f] [-n]
[-T [TARGET [TARGET ...]]] [-v] [-shs] [--patch]
[component [component ...]]

positional arguments:
component          name of the component

optional arguments:
-h, --help         show this help message and exit
-b BUILD_TYPE, --build_type BUILD_TYPE
release or debug version
-c COMPILER, --compiler COMPILER
specify compiler
-t [TEST [TEST ...]], --test [TEST [TEST ...]]
compile test suit
--dmverity         Enable dmverity
--tee              Enable tee
-p PRODUCT, --product PRODUCT
build a specified product with
{product_name}@{company}, eg: camera@huawei
-f, --full         full code compilation
-n, --ndk          compile ndk
-T [TARGET [TARGET ...]], --target [TARGET [TARGET ...]]
Compile single target
-v, --verbose      show all command lines while building
-shs, --sign_haps_by_server
sign haps by server
```

```
--patch           apply product patch before compiling

--dmverity        Enable dmverity
-p PRODUCT, --product PRODUCT
build a specified product with
{product_name}@{company}, eg: ipcamera@hisilcon
-f, --full        full code compilation
-T [TARGET [TARGET ...]], --target [TARGET [TARGET ...]]
Compile single target
```

说明：

● hb build 后无参数，会按照设置好的代码路径、产品进行编译，编译选项选择与之前保持一致。-f 选项将删除当前产品所有编译产品，等同于 hb clean + hb build.

● hb build {component_name}：基于设置好的产品对应的单板、内核，单独编译组件（如 hb build kv_store）。

● hb build -p ipcamera@hisilicon：免 set 编译产品，该命令可以跳过 set 步骤，直接编译产品。

● 在 device/device_company/board 下单独执行 hb build 会进入内核选择界面，选择完成后会根据当前路径的单板、选择的内核编译出仅包含内核、驱动的镜像。

3.3.4 hb clean

清除 out 目录对应产品的编译产物，仅保留 args.gn、build.log。清除指定路径可输入路径参数：hb clean out/board/product，默认将清除当前 hb set 的产品对应 out 路径。

```
hb clean
usage: hb clean [-h] [out_path]

positional arguments:
out_path    clean a specified path.

optional arguments:
-h, --help  show this help message and exit
```

hb 命令行工具是使用 Python 开发的一组脚本程序，当执行 hb build 命令时，由命令对应的 Python 脚本程序调用 GN 和 Ninja 编译工具，通过 GN 生成 Ninja 文件。这三者在整个编译中的流程如图 3-3 所示。

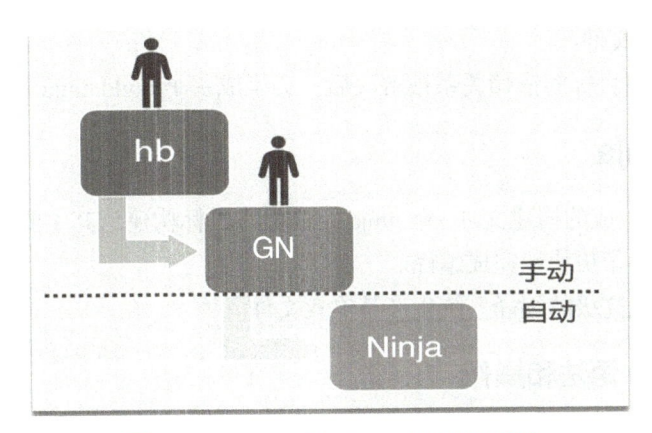

图 3-3 hb、GN 和 Ninja 的编译流程

3.4　GN 和 Ninja 的构建流程

在使用 GN 和 Ninja 构建项目时，编译脚本会依次调用 GN 和 Ninja 程序执行两步操作。这两步操作分别对应"gn cmd args"和"ninja cmd args"两个命令的执行程序。这两个命令的执行流程合在一起构成了完整的 GN 和 Ninja 构建流程。

3.4.1　GN

GN 是一个生成 Ninja 构建文件的元构建系统，根据 xxx.gn 配置文件来生成相应的 xxx.ninja 文件。"gn cmd args"命令执行的具体流程包含如下六个步骤。

（1）在当前目录中查找构建入口 .gn 文件。

如果当前目录中没有 .gn 文件，就沿着目录树向上一级目录查找，直到找到 .gn 文件为止。如果直到文件系统的根目录"/"下都找不到 .gn 文件，则系统会报错，编译失败。

找到 .gn 文件后，会根据文件中的 buildconfig 的描述，找到对应的 BUILDCONFIG.gn 编译配置文件。如果 .gn 文件内还配置了 root，则将 .gn 文件内置的 root 作为默认的 source root，如果没有配置 root，就会将 .gn 文件所在目录设置为默认的 source root。

（2）运行 BUILDCONFIG.gn 文件，根据它的配置来设置一些全局变量和默认的编译工具链。这里设置的全局变量和参数默认会对整个构建过程的所有文件都有效。

（3）加载 source root 目录下的 BUILD.gn 文件。

（4）开始递归评估依赖关系，根据依赖关系加载指定目录下的 BUILD.gn 文件。

如果在依赖目标指定的路径下找不到匹配的 BUILD.gn 文件，就会去 .gn 文件中配置的"secondary_source"描述的路径下查找。如果还是找不到匹配的 BUILD.gn，就会报"缺少依赖目标"的错误，编译失败。

（5）在递归评估构建目标依赖关系的过程中，每解决一个构建目标的依赖关系，就生

成对应目标的 .ninja 文件。

（6）当所有构建目标的依赖关系被解决后，会生成一个 build.ninja 文件。

3.4.2 Ninja

Ninja 根据 GN 生成的构建文件 xxx.ninja 完成最终目标构建，其主要有以下两个特点。
①它的设计是为了更快地完成编译。
②可以通过其他高级的编译系统生产其输入文件。

3.4.3 GN 语法和操作

OpenHarmony 系统编译构建过程中，GN 元构建系统需要根据 BUILD.gn 配置文件来递归评估依赖关系。在递归评估构建目标依赖关系的过程中，每解决一个构建目标的依赖关系，就生成对应目标的 .ninja 文件，这也就要求编写正确的 BUILD.gn 配置文件，而 .ninja 文件是自动生成的，无须手动编写。

本节将介绍 GN 基础语法和操作，学习编写简单的 .gn 配置文件和看懂 OpenHarmony 系统已有的 BUILD.gn 配置文件。此外，GN 提供了扩展的内置帮助文档系统，提供每一个函数功能和内置变量的详细的参考引用。可使用 gn help 来查看帮助，并可以进一步使用 gn help <command>、gn help <function>、gn help <variable> 来查看具体的命令、函数、变量的使用帮助信息。

（1）语言

GN 使用一种极其简单的动态类型语言。类型包括如下几种。
- Boolean（布尔值）。
- 64-bit signed integers（64 位有符号整数）。
- Strings（字符串）。
- Lists（上述类型的列表）。
- Scopes（作用域，类似字典）。

下面介绍常用的类型。

① Strings（字符串）。

字符串括在双引号中，并使用反斜杠作为转义字符仅仅支持如下转义序列。

```
\"（双引号）
\$（美元符号 $）
\\（反斜杠）
```

反斜杠的任何其他用法都被视为反斜杠，例如，\b 不需要转义，因此，大多数 Windows 路径如 C:\foo\bar.h 不需要转义。

通过美元标识符号 $ 支持简单变量替换，其中 $ 后面的单词被替换为变量的值。如果没有非变量名称字符来终止变量名称，则可以选择 ${} 将名称括起来。不支持更复杂的表达式，仅支持变量名称替换。示例如下。

```
a = "mypath"
b = "$a/foo.cc"  # b -> "mypath/foo.cc"
c = "foo${a}bar.cc"  # c -> "foomypathbar.cc"
```

② Lists（列表）。

除了区分空列表和非空列表（a==[]）之外，没有办法获得列表的长度。

a. 列表追加。

列表支持追加，代码如下所示。将一个列表追加到另一个列表，会把每一个列表项追加为第二个列表中的项，而不是将该列表追加为嵌套成员。

```
a = [ "first" ]
a += [ "second" ]  # [ "first", "second" ]
a += [ "third", "fourth" ]  # [ "first", "second", "third", "fourth" ]
b = a + [ "fifth" ]  # [ "first", "second", "third", "fourth", "fifth" ]
```

b. 列表删除。

还可以从列表中删除项目，示例如下。列表中的减号运算符"-"搜索匹配项并删除所有匹配项。从另一个列表中减去一个列表将删除第二个列表中的每个项目。如果未找到匹配的项目，则会引发错误，因此在删除列表项之前，需要提前知道该列表项是否存在。

```
a = [ "first", "second", "third", "first" ]
b = a - [ "first" ]  # [ "second", "third" ]
a -= [ "second" ]  # [ "first", "third", "first" ]
```

c. 列表项获取。

列表支持从零开始的下标来提取值，示例如下。

```
a = [ "first", "second", "third" ]
b = a[1]  # -> "second"
```

[] 运算符是只读的，不能用于改变列表。其主要使用场景是当外部脚本返回多个已知值，并且想要提取它们时。

在某些情况下，覆盖一个列表比追加到一个列表更容易。但是将非空列表赋值给值为非空列表的变量，会产生错误。如果要绕过此限制，需首先将目标变量赋值给一个空列表。代码如下。

```
a = [ "one" ]
a = [ "two" ]   # 错误：用非空列表覆写非空列表。
a = []          # OK
a = [ "two" ]   # OK
```

③ Conditionals（条件）。

条件语句类似 C 语言，示例如下。可以在大多数情况下，使用条件语句。甚至可以把整个 target 目标放在条件里，这些 target 只在特定的条件下才需要声明。

```
if (is_linux || (is_win && target_cpu == "x86")) {
  sources -= [ "something.cc" ]
} else if (...) {
...
} else {
...
}
```

④ Looping（循环）。

可以使用 foreach 循环访问列表（但不鼓励使用这种方式），示例如下。

```
foreach(i, mylist) {
    print(i)
}
```

⑤ Function calls（函数调用）。

简单的函数调用与大多数其他编程语言类似。

```
print("hello, world")
assert(is_win, "This should only be executed on Windows")
```

这些函数是内置的，用户无法定义新的函数。一些函数采用花括号 {} 括起来。

```
static_library("mylibrary") {
   sources = [ "a.cc" ]
}
```

大多数函数定义了目标 target。用户可以使用后文介绍的 template 模板机制定义这样的新功能。

（2）文件和目录名称

文件名和目录名是字符串，被解释为相对于当前构建文件的目录，有三种可能的形式。

①相对名称，示例如下。

```
"foo.cc"
"src/foo.cc"
"../src/foo.cc"
```

②源树绝对名称，示例如下。

```
"//net/foo.cc"
"//base/test/foo.cc"
```

③系统绝对名称（罕见，通常用于包含目录），示例如下。

```
"/usr/local/include/"
"/home/linux/ohos"
```

（3）构建配置

①目标。

目标（target）是构建图中的节点，它通常表示将生成的某种可执行文件或库文件。内置目标类型如下所示。可以使用 gn help <targettype> 命令以获取更多帮助。可以使用模板创建自定义目标类型，来扩充内置的目标类型。

- action：运行脚本以生成文件。
- action_foreach：为每个源文件运行一次脚本。
- bundle_data：声明数据以进入 macOS/iOS 捆绑包。
- create_bundle：创建 macOS/iOS 捆绑包。
- executable：生成可执行文件。
- group：引用一个或多个其他目标的虚拟依赖关系节点。

- shared_library：共享库 .dll 或 .so。
- loadable_module：仅在运行时可加载 .dll 或 .so。
- source_set：轻量级虚拟静态库（通常比真正的静态库更可取，因为它的构建速度更快）。
- static_library：.lib 或 .a 文件（通常可以使用一个 source_set 替代）。

②配置。

配置（Configs）是命名对象，用于指定 flags、include 目录和 defines，它们可以应用于目标并推送到依赖目标。定义配置的示例如下。

```
config("myconfig") {
    includes = [ "src/include" ]
    defines = [ "ENABLE_DOOM_MELON" ]
}
```

将配置应用于目标的示例如下。

```
executable("doom_melon") {
    configs = [ ":myconfig" ]
}
```

构建配置文件通常会为目标指定包含默认配置的列表。目标可以根据需要向此列表中进行添加或删除。因此，在实践中通常会使用 configs += ":myconfig" 附加到默认值列表中。有关如何声明和应用配置的详细信息，请参阅 gn help config。

③公共配置。

一个目标可以将配置项应用于依赖于它的其他目标上。最常见的例子是第三方目标，它需要一些定义（define）或包含头文件的目录（include），才能正确编译。如希望这些配置项既应用于第三方库本身的编译，也应用于使用该库的所有目标，要做到这一点，就需要编写一个包含要应用的设置的配置。

```
config("my_external_library_config") {
    includes = "."
    defines = [ "DISABLE_JANK" ]
}
```

然后，此配置将作为公共配置添加到目标中。它将既适用于目标，也适用于直接依赖于它的目标（注：使用的配置项是 public_configs）。

```
shared_library("my_external_library") {
...
    # Targets that depend on this get this config applied.
    public_configs = [ ":my_external_library_config" ]
}
```

反过来，依赖目标可以通过将目标添加为公共依赖项，将其向上推进到依赖项树的另一个级别。（注：使用的配置项是 public_deps）。

```
static_library("intermediate_library") {
...
    # Targets that depend on this one also get the configs from "my external library".
    public_deps = [ ":my_external_library" ]
}
```

④模板。

模板（templates）是 GN 重用代码的主要方式。通常，模板会扩展一个或多个其他目标类型。

```
# 定义模板，文件路径：//tools/idl_compiler.gni，后缀 .gni 代表这是一个 gn import 文件
template("idl") { # 自定义一个名称为 "idl" 的函数
    source_set(target_name) { # 调用内置函数 source_set
        sources = invoker.sources # invoker 为内置变量，含义为调用者内容 即 [ "a", "b" ] 的内容
    }
}
```

通常，将模板定义放在一个 .gni 文件中，用户可导入该文件以查看模板定义。

```
# 如何使用模板，用 import，类似 C 语言的 #include
import("//tools/idl_compiler.gni")

idl("my_interfaces") {        # 等同于调用 idl
    sources = [ "a", "b" ]    # 给 idl 传参，参数的接收方是 invoker.sources
}
```

3.5 GN 和 Ninja 构建示例

3.5.1 示例工程

下面通过一个示例工程来演示 GN 和 Ninja 的构建流程，首先创建一个 Gn_Demo 目录并创建如下目录结构和文件。

```
Gn_Demo/                        # 工程根目录，即源代码的 "root" 路径
├── build                       # 构建配置目录
│   └── config                  # 编译相关的配置项
│       ├── BUILDCONFIG.gn      # 构建配置文件，指定默认编译工具链和路径
│       └── toolchains          # 编译工具链相关的配置
│           └── BUILD.gn        # 描述编译选项、链接选项的具体命令的编译脚本 2
├── BUILD.gn                    # 描述编译目标及其依赖关系的编译脚本 1
├── .gn                         # 构建入口
└── src                         # 源代码目录
    ├── BUILD.gn                # 编译具体源代码的编译脚本 3
    └── hello.c                 # 源代码本身
```

下面对这个示例工程的构成进行介绍。

.gn 文件为构建入口，代码如下。

```
# 构建配置文件的位置
buildconfig = "//build/config/BUILDCONFIG.gn"

# 根目录的位置
#root = "//build/"
```

这里为 buildconfig 配置了构建配置文件 BUILDCONFIG.gn 的路径。因为编译脚本 1 （即 //BUILD.gn 文件）已经在工程的根目录下，因此这里不需要再指定 root。如果把编译脚本 1 移动到 //build/ 目录下，则需要在代码中通过 root 指明编译脚本 1 的路径（即把最后一句的注释取消掉）。

//BUILD.gn 编译脚本 1 是本工程的编译目标 all 及其依赖关系的具体描述，代码如下。

```
group("all") {
    deps = [
        "//src:hello",
    ]
}
```

//build/config/BUILDCONFIG.gn 是构建配置文件,它将默认的编译工具链设置为 clang,代码如下。

```
set_default_toolchain("//build/config/toolchains:clang")
```

//build/config/toolchains/BUILD.gn 的文件内容如下,其中详细描述了 clang 的两个编译命令的执行规则。

```
toolchain("clang") {
    tool("cc") {
    command = "clang -c {{source}} -o {{output}}"
    outputs = ["{{source_out_dir}}/{{target_output_name}}.o"]
    }
    tool("link") {
    exe_name = "{{root_out_dir}}/{{target_output_name}}{{output_extension}}"
    command = "clang {{inputs}} -o $exe_name"
    outputs = ["$exe_name"]
    }
    tool("stamp") {
    command = "touch {{output}}"
    }
}
```

//src 目录是本工程的代码和编译脚本存放目录,其中的编译脚本 BUILD.gn 描述了如何将 hello.c 编译成可执行程序"hello",代码如下。

```
executable("hello") {
    sources = [
    "hello.c"
    ]
}
```

//src/hello.c 源代码是实现业务的代码，最终将被编译为"hello"可执行程序，代码如下。

```c
#include <stdio.h>

int main()
{
    printf("Hello World!\n");
    return 0;
}
```

接下来看一下 Gn_Demo 示例工程的编译情况。具体来说，该示例工程的编译过程可分为如下三步。

- 执行 gn gen 命令。
- 执行 ninja 命令。
- 验证输出结果。

3.5.2　执行 gn gen 命令

在 Gn_Demo 目录下，执行"gn gen out"命令，对应前文"gn cmd args"流程的几个步骤。

- 执行"gn gen out"命令，首先会生成 out/args.gn 文件记录 args 的相关信息。本例中，只使用"out"参数，没有使用其他的 args 参数。
- 找到 .gn 文件，解析该文件以获取 buildconfig 和 root。如果没有配置 root，则默认的 root 为"//"。
- 执行 buildconfig 指向的文件 BUILDCONFIG.gn，设置一个默认的编译工具链。
- 加载 root 指向的目录下的 BUILD.gn 文件，根据其内容加载它依赖的其他目录下的 BUILD.gn 文件，解析后生成 out/build.ninja.d。
- 根据 out/build.ninja.d 中各个 BUILD.gn 的内容，递归解决各自的依赖关系。然后在 out/obj/ 对应目录下，生成各个依赖项的 .ninja 文件，如下"out/obj/src/hello.ninja"所示。
- 解决掉所有的依赖关系后，在 out/ 目录下生成 build.ninja，如下所示。"gn gen out"命令执行结束后，会在 Gn_Demo 目录下生成一个 out 目录，此时 Gn_Demo 目录的构成如下所示。

```
├── build
│   └── config
│       ├── BUILDCONFIG.gn
│       └── toolchains
```

```
|          └── BUILD.gn
├── BUILD.gn
├── .gn
├── out                              # 新生成的 out 目录
|   ├── args.gn                      # 构建参数
|   ├── build.ninja                  # 编译整个工程的目标 all 的 ninja 脚本
|   ├── build.ninja.d                # 工程目标 all 的依赖关系描述
|   ├── obj
|   |   └── src
|   |       └── hello.ninja          # 编译 hello.c 的 ninja 脚本
|   └── toolchain.ninja              # 编译工具的命令集合
└── src
    ├── BUILD.gn
    └── hello.c
```

3.5.3 执行 ninja 命令

在 Gn_Demo 目录下执行"ninja -C out"命令，对应前文"ninja cmd args"流程的步骤。Ninja 程序根据 build.ninja 文件所描述的规则和依赖关系，再结合其他各目标的 .ninja 文件，依次执行编译命令，用 clang 编译生成中间文件和最终的可执行文件"out/hello"。

"ninja -C out"命令执行结束后，会在 out 目录下生成一组新增文件，如下所示。

```
|   build
|   └── config
|       ├── BUILDCONFIG.gn
|       └── toolchains
|           └── BUILD.gn
├── BUILD.gn
├── .gn
├── out
|   ├── args.gn
|   ├── build.ninja
|   ├── build.ninja.d
|   ├── hello                        # 工程编译最终生成的可执行程序文件
|   ├── .ninja_deps                  # 工程的依赖关系的描述文件
|   ├── .ninja_log                   # ninja 命令执行的日志文件
|   ├── obj
|   |   ├── all.stamp                # 工程编译目标 all 的时间戳文件
|   |   └── src
```

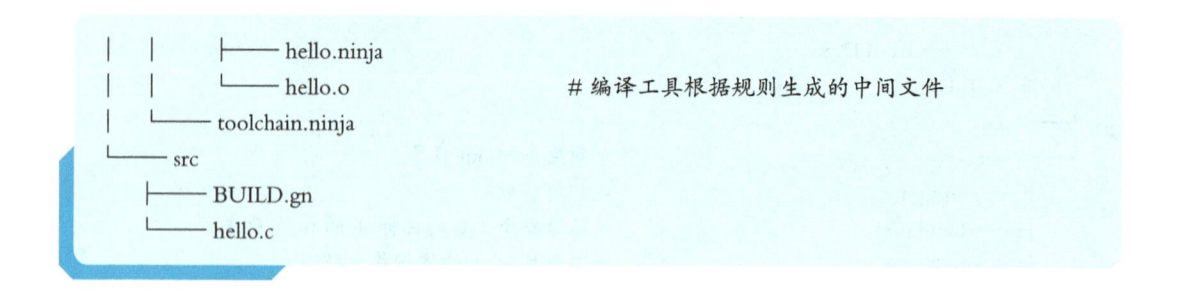

```
｜  ｜       ├── hello.ninja
｜  ｜       └── hello.o                    ＃编译工具根据规则生成的中间文件
｜  └── toolchain.ninja
└── src
    ├── BUILD.gn
    └── hello.c
```

3.5.4 验证输出结果

在 Gn_Demo 目录下执行 "./out/hello" 命令，输出结果如图 3-4 所示。

```
linux@linux-virtual-machine:~/test/Gn_Demo$ ./out/hello
Hello World!
```

图 3-4　验证输出结果

3.6 OpenHarmony 编译构建

接下来分析 OpenHarmony 系统是如何基于 GN 和 Ninja 进行项目构建的。从本章 3.2 小节可知，在使用 hb 工具编译 OpenHarmony 时，主要分为设置（hb set）和编译（hb build）两个步骤。

3.6.1 设置步骤

这一步是设置源代码根目录和要编译的产品名称，并在代码根目录下生成 ohos_config.json 文件。

hb 命令的启动入口在 //build/lite/hb/__main__.py 中，它通过参数 set 来判断和执行 //build/lite/hb_internal/set/set.py 脚本，然后结合相关的必要信息来执行 set_root_path（）和 set_product（）函数，最终生成 //ohos_config.json 文件。

例如，当选择基于 "hisilicon" 芯片厂商的 "wifiiot_hispark_pegasus" 产品时，会生成 //ohos_config.json 文件，代码如下。

```
{
    "root_path": "/home/linux/ohos",
    "product": "wifiiot_hispark_pegasus",
    "product_path": "/home/linux/ohos/vendor/hisilicon/hispark_pegasus",
    "version": "3.0",
```

```
"os_level": "mini",
"product_json": "/home/linux/ohos/vendor/hisilicon/hispark_pegasus/config.json",
"board": "hispark_pegasus",
"kernel": "liteos_m",
"target_cpu": null,
"target_os": null,
"device_company": "hisilicon",
"out_path": "/home/linux/ohos/out/hispark_pegasus/wifiiot_hispark_pegasus",
"device_path": "/home/linux/ohos/device/board/hisilicon/hispark_pegasus/liteos_m"
}
```

该文件中的这些配置信息将作为非常重要的参数移交给编译步骤使用。

3.6.2 编译步骤

（1）读取开发板编译配置

编译过程中，读取并解析以下几个主要文件（包括但不限于这几个文件）以及通过"hb build"命令传入的参数列表。

- //ohos_config.json。

作用：项目全局配置信息。

- //build/lite/ohos_var.gni。

作用：定义用于所有组件的全局变量。

- //build/lite/BUILD.gn。

作用：裁剪和编译系统（含打包镜像文件）的配置脚本。

- //device/board/hisilicon/hispark_pegasus/liteos_m/config.gni。

作用：编译 LiteOS_M 内核时需要用到的配置。

- //vendor/hisilicon/hispark_pegasus/config.json。

作用：产品全量配置表，包括子系统、组件列表等。

这一步仍然是通过 hb 的启动入口 //build/lite/hb/__main__.py 来收集 build 命令以及参数（如"hb build -b release"）等信息，然后执行 //build/lite/hb_internal/build/build.py 脚本，其中的 exec_command（args）函数会调用 build=Build（）。这个 Build 类定义在 build_process.py 脚本中。

在 //build/lite/hb_internal/common 目录下定义了 Config 类、Product 类、Device 类和 utils 一组 API，用于将上面的几个配置文件解析到的信息封装到这些类的各自对象中。

（2）调用 GN 生成依赖文件

这一步将执行 build_process.py 脚本中的 gn_build（）函数，等效于执行 "gn gen 参数" 命令，代码如下：

```python
def gn_build(self, cmd_args):
    # Gn cmd init and execute
    if self.config.os_level == "standard":
        gn_path ='gn'
    else:
        gn_path = self.config.gn_path
    gn_args = cmd_args.get('gn', [])
    os_level = self.config.os_level
    gn_cmd = [
        gn_path,
        'gen',
        '--args={}'.format(" ".join(self._args_list)),
        self.config.out_path,
    ] + gn_args
    if os_level == 'mini' or os_level == 'small':
        gn_cmd.append(f'--script-executable={sys.executable}')
    if self._compact_mode is False:
        gn_cmd.extend([
            '--root={}'.format(self.config.root_path),
            '--dotfile={}/.gn'.format(self.config.build_path),
        ])
    exec_command(gn_cmd, log_path=self.config.log_path, env=self.env())
```

在 gn_build（）函数里结合各种配置参数，完成子系统、组件的裁剪和组件依赖关系的整理。其中，root、dotfile、script-executable 是 gn 内置的固定参数，args 为用户自定义的参数，它们将会在解析 BUILD.gn、BUILDCONFIG.gn 过程中被使用。

dotfile 指向的文件，即 build/lite/.gn，相当于 C 语言中 main（）函数的作用。打开 build/lite/.gn 看到如下内容。

```
# 构建配置文件的位置
# 1. 完成 gn 的配置工作
buildconfig = "//build/lite/config/BUILDCONFIG.gn"

# 根目录的位置
#2. 完成 gn 的编译工作
root = "//build/lite"
```

BUILDCONFIG.gn 为 BUILD.gn 做准备，主要任务就是对其中的内置变量进行赋值，填充好编译所需的配置信息，即生成配置项。例如，指定编译器 clang，生成可执行文件的方法等，可查看 //build/lite/config/BUILDCONFIG.gn 文件内容。

gn_build（）函数执行时会加载 //build/lite/BUILD.gn 文件，部分内容如下。

```
# 目的是要得到各个模块的编译入口
group("ohos") {
  deps = []

  if (ohos_build_target == "") {
    # 第一步：读取配置文件 product_path 的值来源于根目录的 ohos_config.json，该文件由 hb set 命令生成
    product_cfg = read_file("${product_path}/config.json", "json")

    parts_targets_info = read_file(
            "//out/${device_name}/${product_name}/build_configs/parts_info/parts_modules_info.json",
"json")
    # 第二步：循环处理各子系统，${product_path}/config.json 中的子系统
    foreach(product_configed_subsystem, product_cfg.subsystems) {
      subsystem_name = product_configed_subsystem.subsystem

      if (build_xts || (!build_xts && subsystem_name != "xts")) {
        # 第三步：读取各个子系统的配置文件
        subsystem_parts_info = {
        }
        subsystem_parts_info = read_file(
              "//out/${device_name}/${product_name}/build_configs/mini_adapter/${subsystem_name}.
json","json")
        # 第四步：循环读取子系统内各组件的配置信息，比如，组件名称、组件功能描述、组件是否为最小系统必选等
        foreach(product_configed_component,
                product_configed_subsystem.components) {
          # 第五步：检查组件配置信息是否存在
          component_found = false

          foreach(part_name, subsystem_parts_info.parts) {
            if (product_configed_component.component == part_name) {
              component_found = true
            }
          }

          assert(
              component_found,
```

```
            "Component \"${product_configed_component.component}\" not found" + ", please check
your product configuration.")
        # 第六步：检查子系统组件的有效性并遍历组件组，处理各个组件
        foreach(part_name, subsystem_parts_info.parts) {
          kernel_valid = true      # 检查内核
          board_valid = false      # 检查开发板

          if (part_name == product_configed_component.component) {
            assert(
          kernel_valid,"Invalid component configed, ${subsystem_name}:${product_configed_component.
component} " + "not available for kernel: ${product_cfg.kernel_type}!")
            if (!ohos_build_userspace_only ||
                (ohos_build_userspace_only && subsystem_name != "kernel" &&
                 subsystem_name != "vendor")) {
              foreach(_p_info, parts_targets_info.parts) {
                if (_p_info.part_name ==
                    product_configed_component.component) {
                  foreach(component_target, _p_info.module_list) {
                    if (product_configed_component.component == "liteos_m") {
                      if (component_target !=
                          "//kernel/liteos_m:build_kernel_image") {
                        deps += [ component_target ]
                      }
                    } else {
                      deps += [ component_target ]
                    }
                  }
                }
              }
            }
          }
        }
      }
      if (!ohos_build_userspace_only) {
        # 第七步：添加设备和项目的编译单元
        if (product_cfg.kernel_type != "liteos_m") {
          deps += [ "${device_path}/..//" ]
        }
      }
    } else {
```

```
    deps += string_split(ohos_build_target, "&&")
  }
}
```

有三个概念贯穿整个鸿蒙系统——子系统（subsystems）、组件（components）和功能（features）。理解它们的定位和特点是学习和理解鸿蒙系统的关键所在。先找到 product_path 下的配置文件 config.json，里面配置了项目所要使用的子系统和组件，再遍历项目所使用的组件是否能在 //build/lite/components/*.json 组件集中找到，将找到的组件 targets 加入编译列表 deps 中，targets 指向了要编译的组件目录。例如，//build/lite/components/applications.json 子系统中的"wifi_iot_sample_app"组件如下所示。

```
...
{
  "component": "wifi_iot_sample_app",
  "description": "Wifi iot samples.",
  "optional": "true",
  "dirs": [
    "applications/sample/wifi-iot/app"
  ],
  "targets": [
    "//applications/sample/wifi-iot/app"
  ],
  "rom": "",
  "ram": "",
  "output": [],
  "adapted_board": [ "hi3861v100" ],
  "adapted_kernel": [ "liteos_m" ],
  "features": [],
  "deps": {
    "components": [
      "utils_base"
    ]
  }
},
...
```

其中 targets 属性是组件"wifi_iot_sample_app"的编译入口，在 //applications/sample/wifi-iot/app/BUILD.gn 配置文件中描述了"app"编译目标及其功能。

```
import("//build/lite/config/component/lite_component.gni")

lite_component("app") {
    features = [
    ]
}
```

gn_build（）函数执行完毕后，将于 self.config.out_path 参数对应的输出目录下（例如 //out/hispark_pegasus/wifiiot_hispark_pegasus 目录）生成 args.gn、build.ninja、build.ninja.d、toolchain.ninja 以及各个编译目标的 .ninja 文件。其中 build.ninja.d 中记录依赖的 BUILD.gn 文件路径。

```
build.ninja: ../../../.gn
../../../applications/sample/hello_world/BUILD.gn
../../../applications/sample/wifi-iot/app/BUILD.gn
../../../base/hiviewdfx/blackbox/BUILD.gn
...
```

GN 根据这些组件的 BUILD.gn 在 obj 目录下对应生成每个组件的 .ninja 文件。

（3）调用 Ninja 启动编译

这一步将执行 build_process.py 脚本中的 ninja_build（）函数，等效于执行"ninja -C 输出路径"命令，ninja_build（）函数源码如下。

```
def ninja_build(self, cmd_args):
    if self.config.os_level == "standard":
        ninja_path = 'ninja'
    else:
        ninja_path = self.config.ninja_path

    ninja_args = cmd_args.get('ninja', {})
    my_ninja_args = []
    if ninja_args.get('verbose') == True:
        my_ninja_args.append('-v')
    if ninja_args.get('keep_ninja_going') == True:
        my_ninja_args.append('-k1000000')

    # 将目标保持到最后
    if ninja_args.get('default_target') is not None:
```

```python
        if self.config.os_level == "standard":
            if self.config.product == 'ohos-sdk':
                my_ninja_args.append('build_ohos_sdk')
            else:
                my_ninja_args.append('images')
        else:
            my_ninja_args.append('packages')
    if ninja_args.get('targets'):
        my_ninja_args.extend(ninja_args.get('targets'))
    ninja_cmd = [
        ninja_path, '-w', 'dupbuild=warn', '-C', self.config.out_path
    ] + my_ninja_args

    exec_command(ninja_cmd,
                 log_path=self.config.log_path,
                 log_filter=True,
                 env=self.env())
```

Ninja 程序解析 build.ninja 文件，调用编译工具链来编译源代码文件，生成 .o、.a、.so 和可执行程序等目标文件。

第 4 章
系统裁剪和配置

OpenHarmony 整体遵从分层设计，系统功能按照"系统 → 子系统 → 组件"的层级结构逐级展开，在多设备部署场景下，支持根据实际需求裁剪某些非必要的子系统或组件，非常灵活，高内聚低耦合，如下图所示。本章将从系统功能的角度来介绍 OpenHarmony 的系统裁剪和配置。

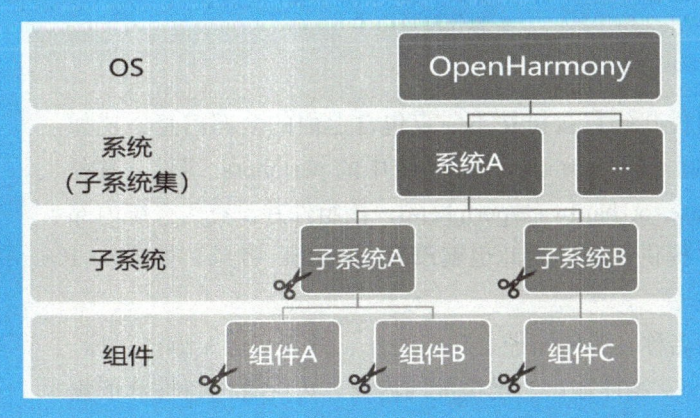

OpenHarmony 可裁剪设计

4.1 配置规则

为了实现芯片解决方案、产品解决方案与 OpenHarmony 之间的解耦和可插拔芯片解决方案和产品解决方案的路径、目录树和配置需要遵循一定的规则，下面将详细介绍这些规则。

4.1.1 组件

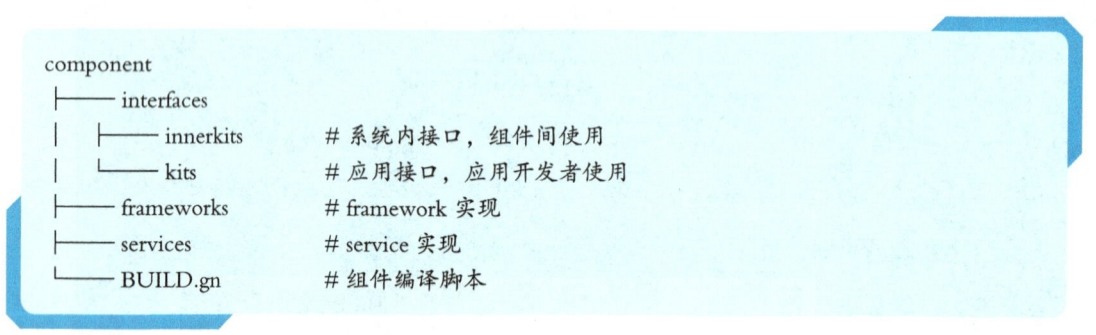

组件源代码路径命名规则为：{领域}/{子系统}/{组件}，这里的{领域}就是源代码根目录下的一级子目录，如 applications、base、drivers 等；{子系统}就是二级子目录，如 foundation 领域下的 graphic、multimedia 等；{组件}本身的源代码的目录结构规则一般如下所示。

```
component
├── interfaces
│   ├── innerkits        # 系统内接口，组件间使用
│   └── kits             # 应用接口，应用开发者使用
├── frameworks           # framework 实现
├── services             # service 实现
└── BUILD.gn             # 组件编译脚本
```

具体组件代码目录树并不一定包含上面的全部信息，比如 IoT 外设控制（iot_hardware）子系统中的 peripheral 组件，其源码路径为 base/iot_hardware/peripheral，该组件并没有为系统内部的其他组件提供接口，因此也就没有 innerkits 目录，如图 4-1 所示。

组件的名称、源码路径、功能简介、是否必选、编译目标、RAM、ROM、编译输出、已适配的内核、可配置的特性和依赖等字段定义在 build/lite/components 目录下对应子系统的 JSON 文件中，新增组件时需要在对应子系统 JSON 文件中添加相应的组件定义。产品所配置的组件必须在某个子系统中被定义过，否则会校验失败。

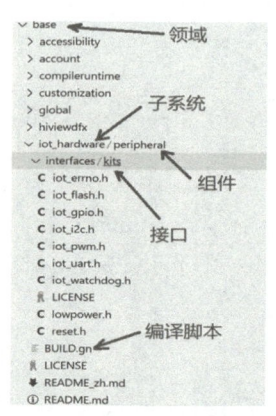

图 4-1 peripheral 组件源码目录结构

4.1.2 子系统

在 //build/lite/components/ 目录下，是 OpenHarmony 为小型系统、轻量系统提供的子系统列表。每一个 JSON 文件就是一个子系统的配置描述，每一个子系统内又包含了它的所有独立组件的相关信息，以 IoT 外设控制（iot_hardware）子系统为例，该子系统的 JSON 文件如下。

```
{
  "components": [                                    # 组件集
  {                                                  # 单个组件
      "component": "iot_controller",                 # 组件名称
      "description": "Iot peripheral controller.",   # 组件描述
      "optional": "false",                           # 组件是否为最小系统必选
      "dirs": [
        "base/iot_hardware/peripheral"               # 组件的源码路径
  ],
      "targets": [
          "//base/iot_hardware/peripheral:iothardware"  # 组件的编译入口
  ],
      "output": [],                                  # 组件编译输出
      "rom": "",                                     # 组件占 ROM 的大小
      "ram": "",                                     # 组件占 RAM 的大小
      "adapted_kernel": [
          "liteos_m"                                 # 组件适配的内核
  ],
      "features": [],                                # 组件可适配的特性
      "deps": {                                      # 组件的依赖
        "components": [                              # 依赖组件

        ],
        "third_party": []                            # 依赖的第三方开源组件
      }
    }
  ]
}
```

根据 targets 字段可以追踪到 //base/iot_hardware/peripheral/BUILD.gn 文件中定义的 iothardware 组件，如图 4-2 所示。

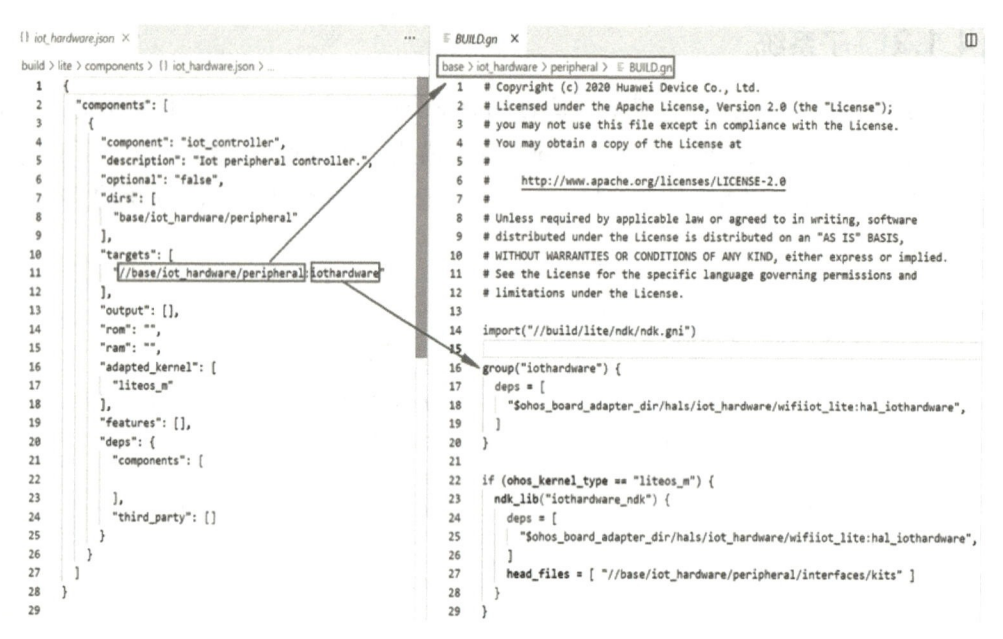

图 4-2　iot_hardware 子系统关联 iothardware 组件

其中，iothardware 组件又依赖了 hal_iothardware 模块，$ohos_board_adapter_dir 表示 //device/soc/hisilicon/hi3861v100/hi3861_adapter，所以有如图 4-3 所示的依赖关系。

图 4-3　iothardware 组件依赖 hal_iothardware 模块

综上所述，OpenHarmony 提供了若干个子系统，每个子系统又分别包含一个或多个独立的组件，每个组件又可以依赖一个或多个模块。例如，上面的 iot_hardware 子系统包含 iot_controller 组件，iot_controller 组件又依赖了 hal_iothardware 模块。因此，子系统、组件、模块之间的关系如图 4-4 所示。

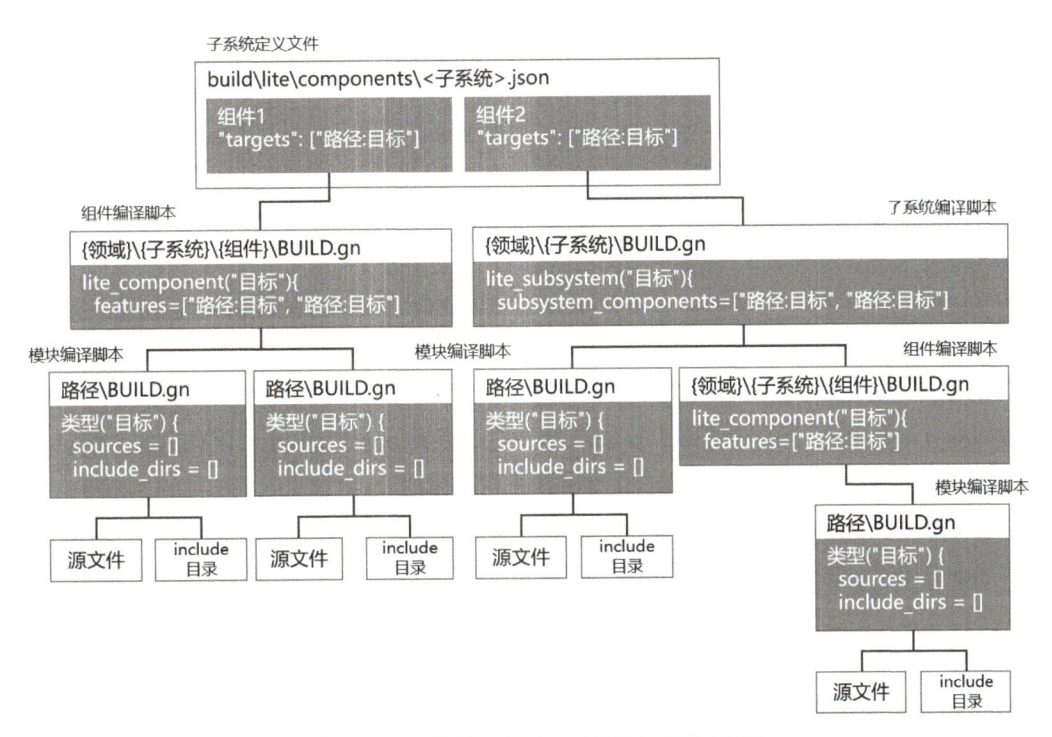

图 4-4　子系统、组件、模块之间的关系

4.1.3　芯片解决方案

芯片解决方案的概念如下。
- 芯片解决方案是指基于某款开发板的完整解决方案，包括驱动、设备侧接口适配、开发板 sdk 等。
- 芯片解决方案是一个特殊的组件，源码路径规则为：device/{芯片解决方案厂商}/{开发板}。
- 芯片解决方案组件会随产品选择的开发板被默认编译。

芯片解决方案目录树规则如下。

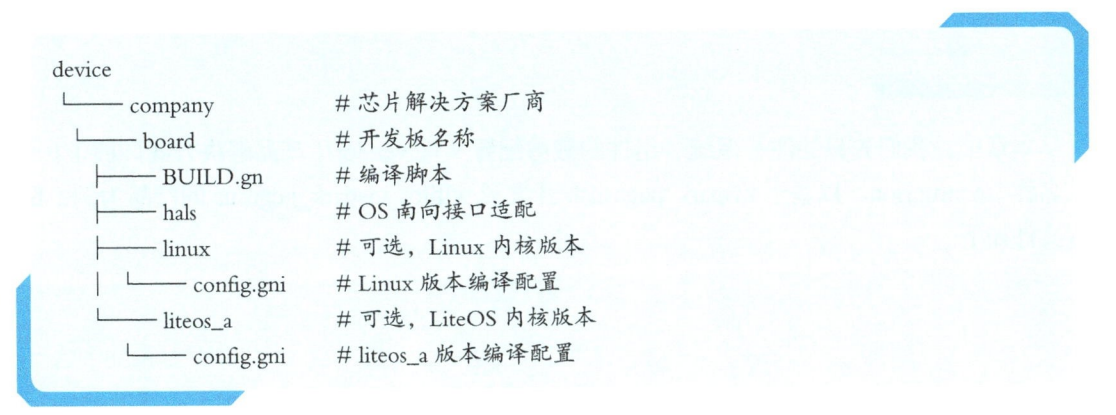

```
device
└── company                  # 芯片解决方案厂商
    └── board                # 开发板名称
        ├── BUILD.gn         # 编译脚本
        ├── hals             # OS 南向接口适配
        ├── linux            # 可选，Linux 内核版本
        │   └── config.gni   # Linux 版本编译配置
        └── liteos_a         # 可选，LiteOS 内核版本
            └── config.gni   # liteos_a 版本编译配置
```

- config.gni：开发板编译相关的配置，编译时会采用该配置文件中的参数编译所有 OS 组件，编译阶段系统全局可见。config.gni 的关键字段介绍如下。
  - kernel_type：开发板使用的内核类型，例如 liteos_a、liteos_m、linux。
  - kernel_version：开发使用的内核版本，例如 4.19。
  - board_cpu：开发板 CPU 类型，例如 cortex-a7、riscv32。
  - board_arch：开发芯片 arch，例如 armv7-a、rv32imac。
  - board_toolchain：开发板自定义的编译工具链名称，例如 gcc-arm-none-eabi。若为空，则默认使用 ohos-clang。
  - board_toolchain_prefix：编译工具链前缀。
  - board_toolchain_type：编译工具链类型，目前支持 gcc 和 clang。例如 gcc、clang。
  - board_cflags：开发板配置的 c 文件编译选项。
  - board_cxx_flags：开发板配置的 cpp 文件编译选项。
  - board_ld_flags：开发板配置的链接选项。

4.1.4 产品解决方案

产品解决方案为基于开发板的完整产品，主要包含产品对 OS 的适配、组件拼装配置、启动配置和文件系统配置等。产品解决方案的源码路径规则为：vendor/{ 产品解决方案厂商 }/{ 产品名称 }。产品解决方案也是一个特殊的组件，产品解决方案的目录树规则如下。

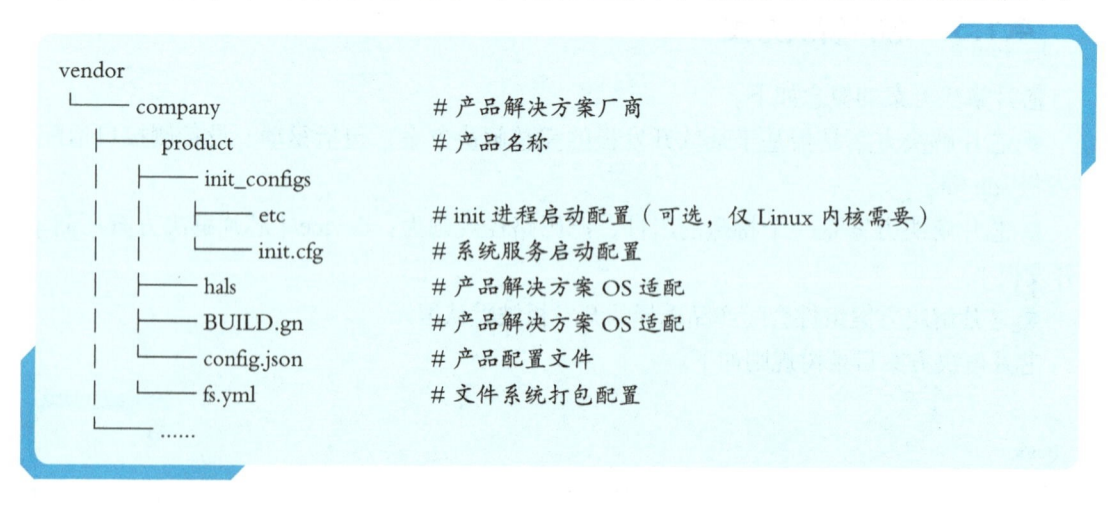

```
vendor
└── company                    # 产品解决方案厂商
    ├── product                # 产品名称
    │   ├── init_configs
    │   │   ├── etc            # init 进程启动配置（可选，仅 Linux 内核需要）
    │   │   └── init.cfg       # 系统服务启动配置
    │   ├── hals               # 产品解决方案 OS 适配
    │   ├── BUILD.gn           # 产品解决方案 OS 适配
    │   ├── config.json        # 产品配置文件
    │   └── fs.yml             # 文件系统打包配置
    └── ......
```

本章中，我们先只关注子系统、组件的裁剪配置文件 vendor/{ 产品解决方案厂商 }/{ 产品名称 }/config.json。以基于 hispark_pegasusk 开发板 wifiiot_hispark_pegasus 的产品为例，配置文件如下。

```json
{
  "product_name": "wifiiot_hispark_pegasus",
  "type": "mini",
  "version": "3.0",
  "ohos_version": "OpenHarmony 1.0",
  "device_company": "hisilicon",
  "board": "hispark_pegasus",
  "kernel_type": "liteos_m",
  "kernel_is_prebuilt": true,
  "kernel_version": "",
  "subsystems": [
    {
      "subsystem": "applications",
      "components": [
        { "component": "wifi_iot_sample_app", "features":[] }
      ]
    },
    {
      "subsystem": "iot_hardware",
      "components": [
        { "component": "iot_controller", "features":[] }
      ]
    },
    ......
    # 省略更多子系统和组件
  "third_party_dir": "//device/soc/hisilicon/hi3861v100/sdk_liteos/third_party",
  "product_adapter_dir": "//vendor/hisilicon/hispark_pegasus/hals"
}
```

各参数的说明如下。

- product_name：产品名称，指定为 wifiiot_hispark_pegasus。
- type：系统类型，可选 [mini，small，standard]。
- version：config.json 的版本号，固定为 3.0。
- ohos_version：操作系统版本，使用的是 OpenHarmony 1.0。
- device_company：设备制造公司，此产品由 hisilicon 制造。
- device_build_path：设备构建路径，指定为 device/board/hisilicon/hispark_pegasus。
- board：开发板名称，被标记为 hispark_pegasus。
- kernel_type：内核类型，使用的是 liteos_m。
- kernel_is_prebuilt：内核是否预构建，被标记为 true。

- kernel_version：内核版本号，此处为空。
- subsystems：子系统列表，包含了产品的不同子系统及其组件信息。
- subsystem：子系统名称，表示不同的功能区域。
- components：组件列表，表示在该子系统中使用的组件及其特性。
- component：组件名称，表示不同的功能组件。
- features：特性列表，描述了组件的不同特性。
- third_party_dir：第三方库路径，指定为：//device/soc/hisilicon/hi3861v100/sdk_liteos/third_party。
- product_adapter_dir：产品适配层路径，指定为：//vendor/hisilicon/hispark_pegasus/hals。

在具体的产品上，可以根据实际需要对子系统和组件进行选择和配置，并以 config.json 文件的形式保存产品配置信息。

4.2 系统裁剪

当在命令行输入"hb set"的时候，设置 OpenHarmony 的源代码根目录和要编译的产品，会在代码根目录下生成 ohos_config.json 文件，这个文件包含系统的项目根路径、开发板、内核类型、产品名称、产品配置路径、设备 SDK 类型等信息，比如，当选择"wifiiot_hispark_pegasus"这个产品时，对应生成的 ohos_config.json 配置文件如下：

```
{
"root_path": "/home/linux/ohos",
"product": "wifiiot_hispark_pegasus",
"product_path": "/home/linux/ohos/vendor/hisilicon/hispark_pegasus",
"version": "3.0",
"os_level": "mini",
"product_json": "/home/linux/ohos/vendor/hisilicon/hispark_pegasus/config.json",
"board": "hispark_pegasus",
"kernel": "liteos_m",
"target_cpu": null,
"target_os": null,
"device_company": "hisilicon",
"out_path": "/home/linux/ohos/out/hispark_pegasus/wifiiot_hispark_pegasus",
"device_path": "/home/linux/ohos/device/board/hisilicon/hispark_pegasus/liteos_m"
}
```

其中，product_json 字段设置的 config.json 文件，描述了基于 hispark_pegasus 开发板的 wifiiot_hispark_pegasus 产品正常运行起来而需要的子系统和组件列表。config.json 文件中没有列出来的子系统和组件，意味着本产品、芯片平台不需要使用，可以裁剪掉。

4.2.1 新增组件

若要新增一个组件，首先确定组件归属的子系统和组件名称，然后按如下步骤新增。

①在 applications/sample 下创建如图 4-5 所示 hello_world 目录结构。

```
∨ applications
  ∨ sample
    > camera
    ∨ hello_world
       ≡ BUILD.gn
       C hello_world.c
    > wifi-iot
  > standard
```

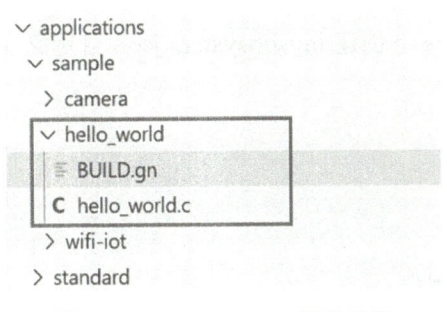

图 4-5　hello_world 目录结构

②开发源代码，添加组件编译脚本。hello_world.c 源代码编写如下。

```c
#include <stdio.h>
#include "ohos_init.h"

void hello_world(void)
{
    printf("Hello World!\n");
}

SYS_RUN(hello_world);
```

BUILD.gn 编译脚本编写如下：

```
static_library("hello_world") {
    sources = [
        "hello_world.c"
    ]
    include_dirs = [
        "//utils/native/lite/include"
    ]
}
```

③添加组件描述。

组件描述位于 build/lite/components 下,新增的组件需加入对应子系统的 json 文件中。一个组件描述必选的字段如下。

- component:组件名称。
- description:组件功能描述。
- optional:组件是否为系统可选(true 表示可选,false 表示必选)。
- dirs:组件源代码路径。
- targets:组件编译入口。

在 build/lite/components 下创建 mysubsystem.json 自定义子系统配置文件,编写内容如下。

```
{
  "components": [
    {
      "component": "hello_world",
      "description": "hello_world component.",
      "optional": "true",
      "dirs": [
        "applications/sample/hello_world"
      ],
      "targets": [
        "//applications/sample/hello_world:hello_world"
      ]
    }
  ]
}
```

4.2.2 新增特性

一个组件可以由多个模块组成,编译目标可以通过在 features 字段中增加相应的描述来新增特性,下面创建一个新的"myfeature"特性,添加到已有组件中。

①在 //applications/sample/wifi-iot/app 目录下创建如图 4-6 所示的目录结构。

其中 myfeature/myfeature.c 内容如下。

图 4-6 myfeature 目录结构

```
#include <stdio.h>
#include "ohos_init.h"

void myfeature(void)
{
    printf("new feature\n");
}

SYS_RUN(myfeature);
```

myfeature/BUILD.gn 内容如下。

```
static_library("myfeature") {
    sources = [
        "myfeature.c"
    ]
    include_dirs = [
        "//utils/native/lite/include"
    ]
}
```

②修改 //applications/sample/wifi-iot/app/BUILD.gn 编译脚本，内容如下。

```
import("//build/lite/config/component/lite_component.gni")

lite_component("app") {
    features = [
        "myfeature:myfeature"
    ]
}
```

在编译目标 app 中通过 features 字段来新增特性，该字段是一个集合，可以添加多个特性，"myfeature:myfeature" 的含义为"目标的目录名称 :BUILD.gn 文件的目标名称"。目标 app 已在 //build/lite/components/applications.json 子系统配置文件中被定义为组件，名称为 "wifi_iot_sample_app"，部分内容如下。

```
{
  "components": [
  …
  # 省略其他组件
    {
      "component": "wifi_iot_sample_app",
      "description": "Wifi iot samples.",
      "optional": "true",
      "dirs": [
        "applications/sample/wifi-iot/app"
      ],
      "targets": [
        "//applications/sample/wifi-iot/app"
      ],
      "rom": "",
      "ram": "",
      "output": [],
      "adapted_board": [ "hi3861v100" ],
      "adapted_kernel": [ "liteos_m" ],
      "features": [],
      "deps": {
        "components": [
          "utils_base"
        ]
      }
    },
    …
    # 省略其他组件
  ]
}
```

4.2.3 增加子系统

增加子系统需要在产品解决方案 config.json 配置文件中进行配置，以基于 hispark_pegasusk 开发板 wifiiot_hispark_pegasus 的产品为例。修改配置文件 //vendor/hisilicon/hispark_pegasus/config.json 内容如下。

```
{
"product_name": "wifiiot_hispark_pegasus",
"type": "mini",
```

```
  "version": "3.0",
  "ohos_version": "OpenHarmony 1.0",
  "device_company": "hisilicon",
  "board": "hispark_pegasus",
  "kernel_type": "liteos_m",
  "kernel_is_prebuilt": true,
  "kernel_version": "",
  "subsystems": [
# 新增自定义子系统
    {
      "subsystem": "mysubsystem",
      "components": [
# 新增自定义组件
        {"component": "hello_world", "features":[] }
      ]
    },
    {
      "subsystem": "applications",
      "components": [
        { "component": "wifi_iot_sample_app", "features":[] }
      ]
    },
    {
      "subsystem": "iot_hardware",
      "components": [
        { "component": "iot_controller", "features":[] }
      ]
    },
    {
      "subsystem": "hiviewdfx",
      "components": [
        { "component": "hilog_lite", "features":[] },
        { "component": "hievent_lite", "features":[] },
        { "component": "blackbox", "features":[] },
        { "component": "hidumper_mini", "features":[] }
      ]
    },
    {
      "subsystem": "distributedschedule",
      "components": [
        { "component": "samgr_lite", "features":[] }
      ]
```

```
    },
    {
      "subsystem": "security",
      "components": [
        { "component": "hichainsdk", "features":[] },
        { "component": "deviceauth_lite", "features":[] },
        { "component": "huks", "features":
          [
            "disable_huks_binary = false",
            "disable_authenticate = false",
            "huks_use_lite_storage = true",
            "huks_use_hardware_root_key = true",
            "huks_config_file = \"hks_config_lite.h\"",
            "ohos_security_huks_mbedtls_porting_path = \"//device/soc/hisilicon/hi3861v100/sdk_liteos/third_party/mbedtls\""
          ]
        }
      ]
    },
    {
      "subsystem": "startup",
      "components": [
        { "component": "bootstrap_lite", "features":[] },
        { "component": "syspara_lite", "features":
          [
            "enable_ohos_startup_syspara_lite_use_thirdparty_mbedtls = false"
          ]
        }
      ]
    },
    {
      "subsystem": "communication",
      "components": [
        { "component": "wifi_lite", "features":[] },
        { "component": "dsoftbus", "features":[] },
        { "component": "wifi_aware", "features":[]}
      ]
    },
    {
      "subsystem": "updater",
      "components": [
        { "component": "ota_lite", "features":[] }
      ]
```

```
    },
    {
      "subsystem": "iot",
      "components": [
        { "component": "iot_link", "features":[] }
      ]
    },
    {
      "subsystem": "utils",
      "components": [
        { "component": "file", "features":[] },
        { "component": "kv_store",
          "features": [
            "enable_ohos_utils_native_lite_kv_store_use_posix_kv_api = false"
          ]
        },
        { "component": "os_dump", "features":[] }
      ]
    },
    {
      "subsystem": "vendor",
      "components": [
        { "component": "hi3861_sdk", "target": "//device/soc/hisilicon/hi3861v100/sdk_liteos:wifiiot_sdk", "features":[] }
      ]
    },
    {
      "subsystem": "xts",
      "components": [
        { "component": "xts_acts", "features":
          [
            "enable_ohos_test_xts_acts_use_thirdparty_lwip = false"
          ]
        },
        { "component": "xts_tools", "features":[] }
      ]
    }
  ],
  "third_party_dir": "//device/soc/hisilicon/hi3861v100/sdk_liteos/third_party",
  "product_adapter_dir": "//vendor/hisilicon/hispark_pegasus/hals"
}
```

编译产品，可以测试新增子系统和新增组件的功能。也可以通过修改 config.json 直接删除不需要的子系统和组件，这样可以避免编译和测试相关的代码。

4.2.4 新增芯片解决方案

编译构建支持添加新的芯片解决方案，具体步骤如下。

（1）创建芯片解决方案目录

按照芯片解决方案配置创建目录，例如，以芯片厂商 talkweb 的 niobe 开发板为例，在代码根目录执行。

```
mkdir -p device/talkweb/niobe
```

（2）复制资源文件

niobe 开发板芯片使用 hi3861v100，所以将 //device/soc/hisilicon/hi3861v100 目录下的所有文件和目录复制到 //device/talkweb/niobe 目录下，形成如下目录结构。

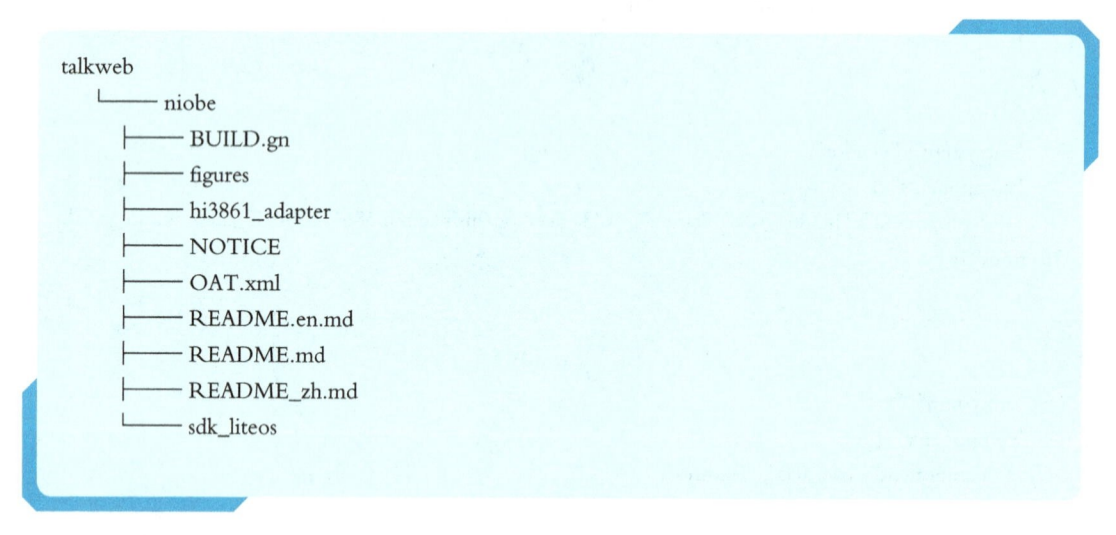

```
talkweb
└── niobe
    ├── BUILD.gn
    ├── figures
    ├── hi3861_adapter
    ├── NOTICE
    ├── OAT.xml
    ├── README.en.md
    ├── README.md
    ├── README_zh.md
    └── sdk_liteos
```

（3）编写开发板编译配置 config.gni 文件

创建 //device/taklweb/niobe/sdk_liteos/config.gni 文件，编写内容如下。

```
# 内核类型，例如 "linux", "liteos_a", "liteos_m"
kernel_type = "liteos_m"

# 内核版本
kernel_version = ""
```

```
# 开发板 CPU 类型，例如 "cortex-a7", "riscv32"
board_cpu = ""

# 开发板架构，如 "armv7-a", "rv32imac"
board_arch = "rv32imac"

# 用于系统编译的工具链名称，例如，gcc-arm-none-eabi, arm-linux-harmonyeabi-gcc, ohos-clang, riscv32-unknown-elf
# 默认的工具链是 "ohos-clang"
board_toolchain = "riscv32-unknown-elf"

board_toolchain_path = ""

# 编译器前缀
board_toolchain_prefix = "riscv32-unknown-elf-"

# 编译器类型, "gcc" 或 "clang"
board_toolchain_type = "gcc"

# 开发板相关的通用编译参数
board_cflags = [
  "-mabi=ilp32",
  "-falign-functions=2",
  "-msave-restore",
  "-fno-optimize-strlen",
  "-freorder-blocks-algorithm=simple",
  "-fno-schedule-insns",
  "-fno-inline-small-functions",
  "-fno-inline-functions-called-once",
  "-mtune=size",
  "-mno-small-data-limit=0",
  "-fno-aggressive-loop-optimizations",
  "-std=c99",
  "-Wpointer-arith",
  "-Wstrict-prototypes",
  "-ffunction-sections",
  "-fdata-sections",
  "-fno-exceptions",
  "-fno-short-enums",
  "-Wextra",
  "-Wundef",
  "-U",
  "PRODUCT_CFG_BUILD_TIME",
```

```
        "-DLOS_COMPILE_LDM",
        "-DPRODUCT_USR_SOFT_VER_STR=None",
        "-DCYGPKG_POSIX_SIGNALS",
        "-D__ECOS__",
        "-D__RTOS_",
        "-DPRODUCT_CFG_HAVE_FEATURE_SYS_ERR_INFO",
        "-D__LITEOS__",
        "-DLIB_CONFIGURABLE",
        "-DLOSCFG_SHELL",
        "-DLOSCFG_CACHE_STATICS",
        "-DCUSTOM_AT_COMMAND",
        "-DLOS_COMPILE_LDM",
        "-DLOS_CONFIG_IPERF3",
        "-DCMSIS_OS_VER=2",
        "-DSECUREC_ENABLE_SCANF_FILE=0",
        "-DCONFIG_AT_COMMAND",
        "-DPRODUCT_CFG_CHIP_VER_STR=Hi3861V100",
        "-DCHIP_VER_Hi3861",
        "-DPRODUCT_CFG_SOFT_VER_STR=Hi3861",
        "-DHI_BOARD_ASIC",
        "-DHI_ON_FLASH",
        "-DLITEOS_WIFI_IOT_VERSION",
]
board_cxx_flags = board_cflags
board_ld_flags = []

# 开发板相关的头文件搜索路径
board_include_dirs = [
    "${ohos_root_path}device/talkweb/niobe/sdk_liteos/include",
    "${ohos_root_path}device/talkweb/niobe/sdk_liteos/platform/include",
    "${ohos_root_path}device/talkweb/niobe/sdk_liteos/platform/system/include",
    "${ohos_root_path}device/talkweb/niobe/sdk_liteos/config",
    "${ohos_root_path}device/talkweb/niobe/sdk_liteos/config/nv",
    "${ohos_root_path}utils/native/lite/include",
    "${ohos_root_path}device/talkweb/niobe/hi3861_adapter/kal/cmsis",
     "${ohos_root_path}device/talkweb/niobe/sdk_liteos/platform/os/Huawei_LiteOS/kernel/base/include",
     "${ohos_root_path}device/talkweb/niobe/sdk_liteos/platform/os/Huawei_LiteOS/targets/hi3861v100/include",
    "${ohos_root_path}device/talkweb/niobe/sdk_liteos/platform/os/Huawei_LiteOS/kernel/include",
     "${ohos_root_path}device/talkweb/niobe/sdk_liteos/platform/os/Huawei_LiteOS/arch/risc-v/rv32im",
```

"${ohos_root_path}device/talkweb/niobe/sdk_liteos/platform/os/Huawei_LiteOS/components/lib/libm/include",
"${ohos_root_path}device/talkweb/niobe/sdk_liteos/platform/os/Huawei_LiteOS/components/lib/libsec/include",
"${ohos_root_path}device/talkweb/niobe/sdk_liteos/platform/os/Huawei_LiteOS/net/wpa_supplicant-2.7/src/common",
"${ohos_root_path}device/talkweb/niobe/sdk_liteos/platform/os/Huawei_LiteOS/targets/hi3861v100/plat/riscv",
"${ohos_root_path}device/talkweb/niobe/sdk_liteos/platform/os/Huawei_LiteOS/kernel/include",
"${ohos_root_path}device/talkweb/niobe/sdk_liteos/platform/os/Huawei_LiteOS/kernel/extended/runstop",
"${ohos_root_path}device/talkweb/niobe/sdk_liteos/platform/os/Huawei_LiteOS/components/posix/include",
"${ohos_root_path}device/talkweb/niobe/sdk_liteos/platform/os/Huawei_LiteOS/components/linux/include",
"${ohos_root_path}device/talkweb/niobe/sdk_liteos/third_party/lwip_sack/include",
"${ohos_root_path}device/talkweb/niobe/sdk_liteos/platform/os/Huawei_LiteOS/components/lib/libc/musl/include",
"${ohos_root_path}device/talkweb/niobe/sdk_liteos/platform/os/Huawei_LiteOS/components/lib/libc/musl/arch/generic",
"${ohos_root_path}device/talkweb/niobe/sdk_liteos/platform/os/Huawei_LiteOS/components/lib/libc/musl/arch/riscv32",
"${ohos_root_path}device/talkweb/niobe/sdk_liteos/platform/os/Huawei_LiteOS/components/lib/libc/hw/include",
"${ohos_root_path}device/talkweb/niobe/sdk_liteos/platform/os/Huawei_LiteOS/components/lib/libc/nuttx/include",
"${ohos_root_path}device/talkweb/niobe/sdk_liteos/platform/os/Huawei_LiteOS/components/lib/libsec/include",
"${ohos_root_path}device/talkweb/niobe/sdk_liteos/platform/os/Huawei_LiteOS/targets/hi3861v100/config",
"${ohos_root_path}device/talkweb/niobe/sdk_liteos/platform/os/Huawei_LiteOS/targets/hi3861v100/user",
"${ohos_root_path}device/talkweb/niobe/sdk_liteos/platform/os/Huawei_LiteOS/targets/hi3861v100/plat",
"${ohos_root_path}device/talkweb/niobe/sdk_liteos/platform/os/Huawei_LiteOS/targets/hi3861v100/extend/include",
"${ohos_root_path}device/talkweb/niobe/sdk_liteos/platform/os/Huawei_LiteOS/arch",
"${ohos_root_path}device/talkweb/niobe/sdk_liteos/platform/os/Huawei_LiteOS/components/lib/libc/bionic/libm",
"${ohos_root_path}device/talkweb/niobe/sdk_liteos/platform/os/Huawei_LiteOS/shell/include",
"${ohos_root_path}device/talkweb/niobe/sdk_liteos/platform/os/Huawei_LiteOS/net/telnet/include",
]

```
# OpenHarmony 系统组件的开发板适配目录
board_adapter_dir = "//device/talkweb/niobe/hi3861_adapter"

# 根目录路径
board_configed_sysroot = ""

# 开发板存储类型，用于生成文件系统
storage_type = ""
```

（4）编写编译脚本

修改 //device/talkweb/niobe/BUILD.gn，target 名称应与开发板名称一致，内容如下。

```
group("niobe") {
}
```

（5）编译芯片解决方案

在开发板目录下执行 hb build 命令，即可启动芯片解决方案的编译。

4.2.5 新增产品解决方案

编译构建支持芯片解决方案和组件的灵活拼装，形成定制化的产品解决方案。具体步骤如下。

（1）创建产品目录

按照产品解决方案配置规则创建产品目录，在代码根目录下执行。

```
mkdir -p vendor/talkweb/niobe
```

（2）拼装产品

在新建的产品目录下的 config.json 文件，vendor/talkweb/niobe/config.json 配置文件编写如下内容。

```json
{
  "product_name": "niobe_wifi_iot",
  "type": "mini",
  "version": "3.0",
  "ohos_version": "OpenHarmony 1.0",
  "device_company": "talkweb",
  "board": "niobe",
  "kernel_type": "liteos_m",
  "kernel_is_prebuilt": true,
  "kernel_version": "",
  "subsystems": [
    {
      "subsystem": "mysubsystem",
      "components": [
        {"component": "hello_world", "features":[] }
      ]
    },
    {
      "subsystem": "iot_hardware",
      "components": [
        { "component": "iot_controller", "features":[] }
      ]
    },
    {
      "subsystem": "hiviewdfx",
      "components": [
        { "component": "hilog_lite", "features":[] },
        { "component": "hievent_lite", "features":[] },
        { "component": "blackbox", "features":[] },
        { "component": "hidumper_mini", "features":[] }
      ]
    },
    {
      "subsystem": "distributedschedule",
      "components": [
        { "component": "samgr_lite", "features":[] }
      ]
    },
    {
      "subsystem": "security",
      "components": [
        { "component": "hichainsdk", "features":[] },
        { "component": "deviceauth_lite", "features":[] },
```

```
            { "component": "huks", "features":
              [
                "disable_huks_binary = false",
                "disable_authenticate = false",
                "huks_use_lite_storage = true",
                "huks_use_hardware_root_key = true",
                "huks_config_file = \"hks_config_lite.h\"",
                  "ohos_security_huks_mbedtls_porting_path = \"//device/soc/hisilicon/hi3861v100/sdk_liteos/third_party/mbedtls\""
              ]
            }
          ]
        },
        {
          "subsystem": "startup",
          "components": [
            { "component": "bootstrap_lite", "features":[] },
            { "component": "syspara_lite", "features":
              [
                "enable_ohos_startup_syspara_lite_use_thirdparty_mbedtls = false"
              ]
            }
          ]
        },
        {
          "subsystem": "communication",
          "components": [
            { "component": "wifi_lite", "features":[] },
            { "component": "dsoftbus", "features":[] },
            { "component": "wifi_aware", "features":[]}
          ]
        },
        {
          "subsystem": "updater",
          "components": [
            { "component": "ota_lite", "features":[] }
          ]
        },
        {
          "subsystem": "iot",
          "components": [
            { "component": "iot_link", "features":[] }
```

```
      ]
    },
    {
      "subsystem": "utils",
      "components": [
        { "component": "file", "features":[] },
        { "component": "kv_store",
          "features": [
            "enable_ohos_utils_native_lite_kv_store_use_posix_kv_api = false"
          ]
        },
        { "component": "os_dump", "features":[] }
      ]
    },
    {
      "subsystem": "vendor",
      "components": [
        { "component": "talkweb_sdk", "target": "//device/talkweb/niobe/sdk_liteos:wifiiot_sdk", "features":[] }
      ]
    },
    {
      "subsystem": "xts",
      "components": [
        { "component": "xts_acts", "features":
          [
            "enable_ohos_test_xts_acts_use_thirdparty_lwip = false"
          ]
        },
        { "component": "xts_tools", "features":[] }
      ]
    }
  ],
  "third_party_dir": "//device/talkweb/niobe/sdk_liteos/third_party",
  "product_adapter_dir": "//vendor/talkweb/niobe/hals"
}
```

系统在编译前会对 device_company、board、kernel_type、kernel_version、subsystem、component 字段进行有效性检查，其中 device_company、board、kernel_type、kernel_version 应与已知的芯片解决方案匹配，subsystem、component 应与 build/lite/components 下的组件描述匹配。

(3) 适配 OS 接口

在产品目录下创建 hals 目录, 并将产品解决方案对 OS 适配的源码和编译脚本放入该目录下。将 //vendor/hispark_pegasus/hals 目录下的 utils 子目录复制到产品方案中, 形成如下目录结构。

```
talkweb
    └── niobe
            ├── config.json
            └── hals
                    └── utils
```

(4) 编写编译脚本

在 //vendor/taklweb/niobe 产品目录下创建 BUILD.gn 文件, 按产品实际情况编写脚本, 内容如下。

```
group("niobe") {
}
```

(5) 编译产品

在代码根目录执行 hb set 命令按提示选择新增的产品, 如图 4-7 所示, 然后执行 hb build 命令即可启动编译。

```
OHOS Which product do you need?  (Use arrow keys)
    qemu_small_system_demo
    qemu_ca7_mini_system_demo
    qemu_xtensa_mini_system_demo
bestechnic
    display_demo
    iotlink_demo
    mini_distributed_music_player
    xts_demo
hisilicon
    ipcamera_hispark_taurus_linux
    wifiiot_hispark_pegasus
    watchos
    ipcamera_hispark_aries
    ipcamera_hispark_taurus
goodix
    gr5515_sk_xts_demo
    gr5515_sk_iotlink_demo
talkweb
> niobe_wifi_iot
```

图 4-7　选择新增的产品

第 5 章
轻量级系统内核移植

内核是一个操作系统中最核心的部分,它为操作系统提供最基础的功能和特性,包括进程/线程管理、时间管理、中断管理、内存管理、文件系统管理等。OpenHarmony 是一个面向物联网时代的操作系统,它面对的是硬件性能和功能需求千差万别的设备。为了适应这些设备,OpenHarmony 采用了多内核结构,目前支持 LiteOS-M、LiteOS-A 和 Linux 三种,开发者可按不同产品规格进行选择和使用。

内核子系统位于 OpenHarmony 下层,由于 OpenHarmony 面向多种设备类型,这些设备有着不同的 CPU 能力、存储大小等。为了更好地适配这些不同的设备类型,内核子系统支持针对不同资源等级的设备选用适合的 OS 内核,内核抽象层(kernel abstraction layer,KAL)通过屏蔽内核间差异,为上层提供基础的内核能力。

5.1 LiteOS-M 内核概述

OpenHarmony LiteOS-M 内核是面向 IoT 领域构建的轻量级物联网操作系统内核，具有小体积、低功耗、高性能的特点，非常适合于资源有限的轻量级设备（如 CPU 性能不高、ROM 在 10 MB 以内、RAM 为 KB 级别的设备），LiteOS-M 架构如图 5-1 所示。

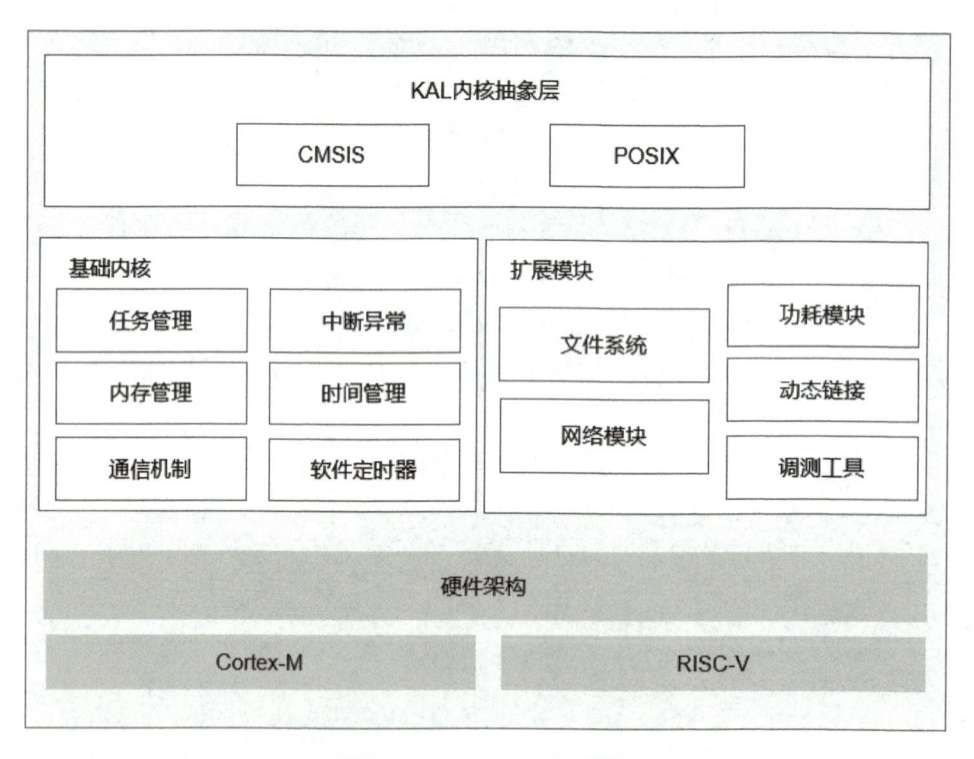

图 5-1 LiteOS-M 架构图

LiteOS-M 内核代码包含内核最小功能集、内核抽象层、可选组件以及工程目录等，其目录结构如表 5-1 所示。

表 5-1　LiteOS-M 内核一级及二级目录结构

//kernel/liteos_m/		
components/	扩展模块提供的可选组件列表	
	backtrace/	回溯栈支持组件
	cppsupport/	C++ 支持组件
	cpup/	CPUP 功能
	dynlink/	动态加载与链接功能组件
	exchook/	异常钩子
	fs/	文件系统支持 (FatFS、LittleFS)
	net/	网络功能支持 (LWIP)
	power/	电源管理支持
	shell/	轻量级 shell
	trace/	trace 支持
kal/	内核抽象层，提供内核对外接口	
	cmsis/	CMSIS 标准实现 KAL
	posix/	POSIX 标准实现 KAL
kernel	内核最小功能集的代码实现	
	include/	各功能集的头文件
	src/	内核最小功能集的代码实现，包括功能的开关和配置参数、事件、内存管理、线程管理、线程通信、时间管理和基础数据结构的管理等
arch/	内核指令架构层的实现，适配了 ARM、RISC-V 架构的部分芯片	
targets/	开发板示例工程源码和编译相关配置	
testsuites/	测试套件	
tools/	工具列表，如内存分析工具等	
utils/	通用公共目录，如 error、debug 等	

LiteOS-M 内核架构包含硬件相关层以及硬件无关层，其中硬件相关层按不同编译工具链、芯片架构分类，提供统一的硬件抽象层（hardware abstraction layer，HAL）接口，提升硬件易适配性，可满足 AIoT 类型丰富的硬件和编译工具链的拓展需求。

除 arch 之外的其他部分属于硬件无关层。其中，Kernel 模块提供内核的基础能力；Components 模块提供扩展的网络、文件系统等能力；Utils 模块提供错误处理、调测等能力；KAL 模块则对系统框架层提供统一的标准接口，以实现对 LiteOS-M 内核的隐藏。LiteOS-M 内核模块如图 5-2 所示。

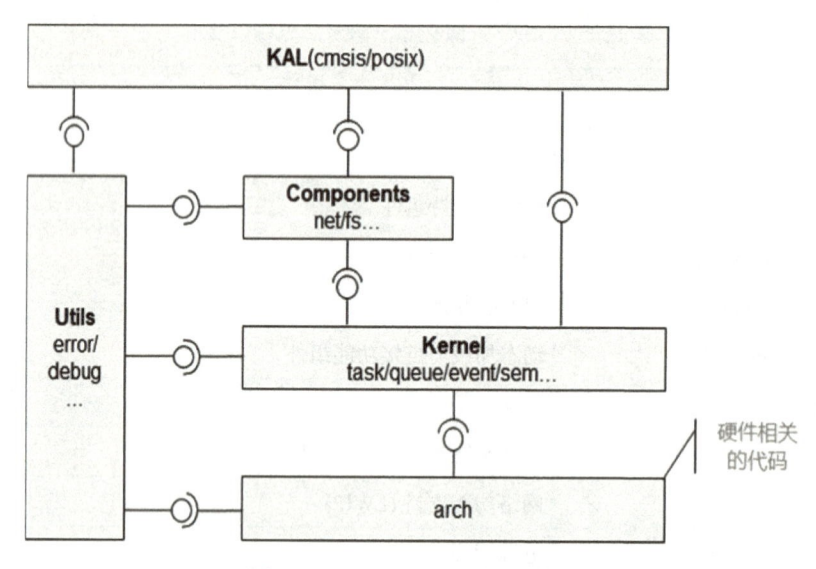

图 5-2　liteos-M 内核模块图

说明：
- KAL 模块作为内核对外的接口依赖 Components 模块和 Kernel 模块。
- Components 模块可插拔，它依赖 Kernel 模块。
- 与硬件相关的代码放在 arch 目录中，其余为与硬件无关的代码。内核功能集（task、sem 等）的实现依赖与硬件相关的 arch 代码，例如任务上下文切换、原子操作等。
- Utils 模块作为基础代码块，被其他模块依赖。

5.2　移植概述

开展基于其他硬件平台面向 OpenHarmony 系统的移植适配工作，具体细分为移植准备、移植内核、移植子系统和移植验证四个环节，步骤如表 5-2 所示。

表 5-2　芯片适配步骤

步骤	介绍
移植准备	从 OpenHarmony 开源社区下载代码，并完成编译环境搭建，基于此初步熟悉和了解 OpenHarmony 的编译构建框架
移植内核	将其他硬件平台的 SDK 移植到 OpenHarmony 平台，同时根据芯片 arch 支持情况确认是否需要开展 arch 的适配工作
移植子系统	开展包括启动子系统、文件子系统、安全子系统、通信子系统和外设驱动的移植
移植验证	在适配完成之后使用 OpenHarmony 社区提供的兼容性测试套件对适配的工程进行基本接口的测试验证，同时需要对适配工程开展质量验证活动

5.2.1 移植目录

OpenHarmony 整体工程较为复杂，目录及实现为系统本身功能，如果不涉及复杂的特性增强，则不需要关注每一层的实现，移植过程中重点关注如表 5-3 所示目录即可。

表 5-3　OpenHarmony 重要目录

目录名称	描述
/build/lite	OpenHarmony 基础编译构建框架
/kernel/liteos_m	基础内核，其中芯片架构相关实现在 arch 目录下
/device	板级相关实现，各个第三方厂商按照 OpenHarmony 规范适配实现
/vendor	产品级相关实现，主要由华为或者产品厂商贡献

OpenHarmony 适配分为如下四个层面。

- Vendor：负责配置的目标产品的内核类型、系统版本、子系统、第三方库等。编译时，工具链依赖这里的配置。Vendor 的代码位于 //vendor/ 目录下。
- Board：开发板层面的移植，配置开发板编译相关的工具链，以及最为核心的启动汇编命令、链接库脚本，制定 main 函数启动系统。Board 相关的代码位于 //device/board 目录下。
- Soc：系统层面的移植，配置芯片层级编译依赖库，包括 CMSIS、HAL 等，这里包含操作总线、串口、时钟等库函数。Soc 相关的代码位于 //device/soc 目录下。
- ARCH：芯片架构的移植是内核移植的基础，在 OpenHarmony 中芯片架构移植是可选过程。如果当前 OpenHarmony 已经支持对应芯片架构则不需要移植操作；如果是不在支持范围内的全新架构移植，则难度较大。ARCH 相关的代码存放在 //kernel/liteos_m/arch 目录下。

5.2.2 已适配芯片架构

LiteOS-M 内核已支持的芯片架构如表 5-4 所示。

表 5-4　LiteOS-M 内核已支持的芯片架构

内核类型	芯片架构	架构名称
LiteOS-M	ARM	ARMarm9、Cortex-M3、Cortex-M4、Cortex-M7、Cortex-M33
LiteOS-M	C-SKY	v2
LiteOS-M	RISC-V	Nuclei、RISC-V32
LiteOS-M	Xtensa	lx6

如果当前 OpenHarmony 尚未支持对应芯片架构，则需要芯片厂商自行适配，arch/include 目录包含了通用的芯片架构适配所需要实现的函数。部分芯片架构代码由汇编实现，

而汇编代码会因编译器的不同而不同。因此，在具体的芯片架构下，还包含使用不同编译器（iar、keil、gcc 等）编译的架构代码。

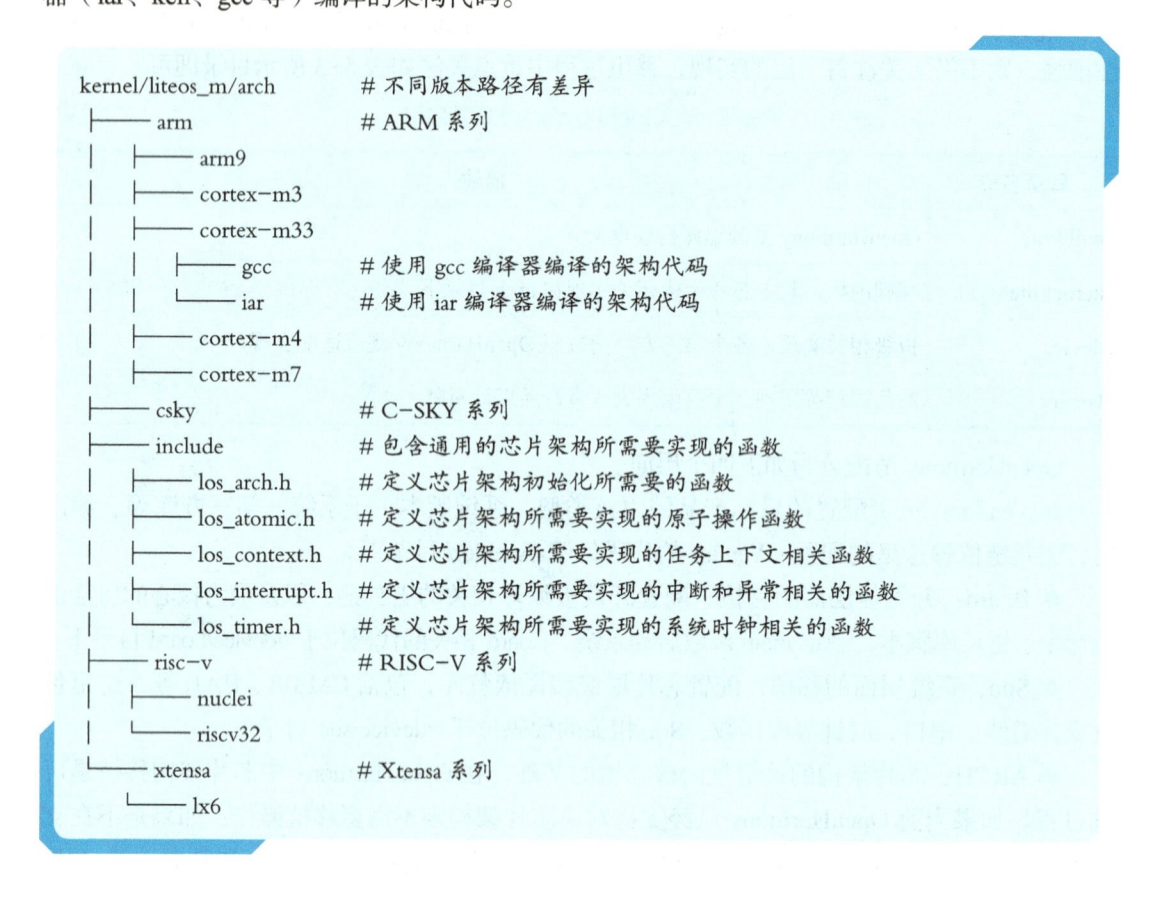

```
kernel/liteos_m/arch        # 不同版本路径有差异
├── arm                      # ARM 系列
│   ├── arm9
│   ├── cortex-m3
│   ├── cortex-m33
│   │   ├── gcc              # 使用 gcc 编译器编译的架构代码
│   │   └── iar              # 使用 iar 编译器编译的架构代码
│   ├── cortex-m4
│   └── cortex-m7
├── csky                     # C-SKY 系列
├── include                  # 包含通用的芯片架构所需要实现的函数
│   ├── los_arch.h           # 定义芯片架构初始化所需要的函数
│   ├── los_atomic.h         # 定义芯片架构所需要实现的原子操作函数
│   ├── los_context.h        # 定义芯片架构所需要实现的任务上下文相关函数
│   ├── los_interrupt.h      # 定义芯片架构所需要实现的中断和异常相关的函数
│   └── los_timer.h          # 定义芯片架构所需要实现的系统时钟相关的函数
├── risc-v                   # RISC-V 系列
│   ├── nuclei
│   └── riscv32
└── xtensa                   # Xtensa 系列
    └── lx6
```

5.3 基于 Hi3861 平台的 LiteOS-M 内核启动流程

在 Hi3861 开发板中，主芯片 Hi3861 基于 RISC-V 32 位指令集架构，而不是基于 ARM 架构，在 //kernel/liteos_m/targets 目录下是 LiteOS-M 内核支持的开发板示例工程源码和编译相关的配置，但 Hi3861 平台的 LiteOS-M 内核是固化在开发板 ROM 上的，无法分析内核启动流程，故 OpenHarmony v3.1 Release 之前的版本可以参考 ARM 架构的适配文件（路径为 //kernel/liteos_m/targets/cortex-m7_nucleo_f767zi_gcc/STM32F767ZITx_FLASH.ld），从这个 ld 链接文件开始分析 LiteOS-M 内核启动流程。在 OpenHarmony v3.1 Release 版本中，可以参考其他基于 RISC-V 架构的开发板工程源码（路径为 //kernel/liteos_m/targets/riscv_nuclei_gd32vf103_soc_gcc）。

5.3.1 第一阶段：BootLoader 阶段

Hi3861 开发板上电开机后，BootLoader 先对基础硬件进行初始化，再把系统镜像从闪存（FLASH）中加载到内存（DDR）中，最后跳转到内存中指定的入口位置去运行内核。这里的"指定的入口位置"，定义在编译系统生成系统镜像（链接阶段）时所依据的链接脚本中。如下所示的链接脚本中的 ENTRY（Reset_Handler）就是定义的入口。

```
/*
** Abstract : Linker script for STM32F767ZITx series
** 2048Kbytes FLASH and 512Kbytes RAM
**
** Set heap size, stack size and stack location according
** to application requirements.
**
** Set memory bank area and size if external memory is used.
*/
……
/* Entry Point，定义的入口是 Reset_Handler 标记 */
ENTRY(Reset_Handler)

……
```

5.3.2 第二阶段：汇编语言代码阶段

BootLoader 程序跳转到 ENTRY（Reset_Handler）入口后，就完成它的使命了。从 Reset_Handler 开始进入汇编语言代码去引导启动 LiteOS-M 内核，汇编代码文件路径为 //kernel/liteos_m/targets/cortex-m7_nucleo_f767zi_gcc/startup_stm32f767xx.s。

```
/*
 * @brief This is the code that gets called when the processor first
 * starts execution following a reset event. Only the absolutely
 * necessary set is performed, after which the application
 * supplied main() routine is called.
 * @param None
 * @retval : None
*/
.section .text.Reset_Handler
.weak Reset_Handler
```

```
.type Reset_Handler, %function
Reset_Handler:
ldr sp, =_estack    /* 设置栈指针 */
......
/* 汇编指令：bl 调用系统时钟初始化函数 */
bl SystemInit

/* 调用静态构造函数 */
bl __libc_init_array

/* 调用应用程序的入口点 main() 函数 */
bl main

bx lr
.size Reset_Handler, .-Reset_Handler
```

从 Reset_Handler 开始运行并调用一些重要的函数，如 SystemInit()，以完成一些必要的软硬件初始化工作，最后调用 main() 函数进入下一个启动阶段。

//kernel/liteos_m/targets/cortex-m7_nucleo_f767zi_gcc/Core/Src/system_stm32f7xx.c 文件的 SystemInit() 函数的实现如下：

```
/**
 * @brief Setup the microcontroller system
 * Initialize the Embedded Flash Interface, the PLL and update the * SystemFrequency variable.
 * @param None * @retval None
 */
void SystemInit(void)
{
/* 浮点运算单元设置 */
#if (__FPU_PRESENT == 1) && (__FPU_USED == 1)
  SCB->CPACR |= ((3UL << 10*2)|(3UL << 11*2)); /* set CP10 and CP11 Full Access */
#endif


/* 配置矢量表位置 */
#if defined(USER_VECT_TAB_ADDRESS)
/* 内部 SRAM 中的矢量表重定位 */
  SCB->VTOR = VECT_TAB_BASE_ADDRESS | VECT_TAB_OFFSET;
#endif


}
```

5.3.3 第三阶段：内核 LiteOS-M 的 C 语言启动阶段

在汇编语言阶段通过 bl 指令调用 main() 函数，main() 函数所在源文件位于：//kernel/liteos_m/targets/cortex-m7_nucleo_f767zi_gcc/Core/Src/main.c，代码如下所示。

```c
/**
 *   @breif  The application entry point.
 * @retval  int
 */
int main(void)
{
/* USER CODE BEGIN 1 */

/* USER CODE END 1 */

/* MCU Configuration：MCU 配置 */

/* 重置所有外设，初始化 Flash 接口和时钟 */
HAL_Init();

/* USER CODE BEGIN Init */

/* USER CODE END Init */

/* 配置系统时钟 */
SystemClock_Config();

/* USER CODE BEGIN SysInit */

/* USER CODE END SysInit */

/* 初始化所有已配置外设 */
HX_GPIO_Init();
HX_USART3_UART_Init();
/* USER CODE BEGIN 2 */
RunTaskSample();     # task_sample.c 任务示例函数源文件
/* USER CODE END 2 */

/* Infinite loop 无线循环 */
/* USER CODE BEGIN WHILE */
while(1)
{
```

```
    /* USER CODE END WHILE */

    /* USER CODE BEGIN 3 */
  }
  /* USER CODE END 3 */
}
```

main() 函数的主要任务是初始化外设和设置系统时钟等初始化软硬件工作，另外，在初始化后创建一个新的线程调用 app_mian() 函数。接着，main() 函数进入无限循环，CPU 将不会再执行 main() 函数，而是执行上面代码中的 RunTaskSample() 函数（源码位于 task_sample.c 源文件中），该函数内部会创建一个新的线程任务。

5.3.4 第四阶段：鸿蒙系统框架层的启动

在前三个阶段完成后，内核就准备就绪了。此时可以按照 Hi3861 芯片启动 OpenHarmony 系统框架层。在内核的 main() 函数会创建一个新的线程来调用芯片解决方案下的一个 app_main() 函数（参考文档为：//docs/zh-cn/device-dev/kernel/kernel-mini-appx-lib-cmsis.md），流程如下：

① app_main() 函数调用 OHOS_Main() 函数，app_main() 函数定义在 //device/soc/hisilicon/hi3861v100/sdk_liteos/app/wifiiot_app/src/app_main.c 文件中。

② OHOS_main() 函数调用 OHOS_SystemInit() 函数，OHOS_Main() 函数定义在 //device/soc/hisilicon/hi3861v100/sdk_liteos/app/wifiiot_app/src/ohos_main.c 文件中。

③ OHOS_SystemInit() 函数具体源码如下，源文件为 //base/startup/bootstrap_lite/services/source/system_init.c。

OHOS_SystemInit() 函数源码如下：

```c
#include "core_main.h"
#include <ohos_init.h>
#include <samgr_lite.h>

void OHOS_SystemInit(void)
{
    MODULE_INIT(bsp);
    MODULE_INIT(device);
    MODULE_INIT(core);
    SYS_INIT(service);
```

```
    SYS_INIT(feature);
    MODULE_INIT(run);
    SAMGR_Bootstrap();
}
```

bootstrap_lite: bootstrap 启动引导组件，提供了各服务和功能的"启动入口标识"。在 SAMGR（system ability manager，系统服务管理）启动时，会调用 boostrap 标识的入口函数，并启动系统服务。

5.3.5 第五阶段：鸿蒙应用（APP）的启动

这个阶段其实就对应了入门案例的执行流程，如在 //applications/sample /wifi-iot/app 目录下放置了某个应用。BUILD.gn 文件内容如下。

```
lite_component("app") {
  features = [
    "helloworld:helloworld"
  ]
}
```

hello_world.c 文件内容如下。

```
#include <stdio.h>
#include "ohos_init.h"

void HelloWorld(void)
{
printf("Hello World！ \n");
}

SYS_RUN(HelloWorld);
```

这个应用在执行"MODULE_INIT(run);"命令时被调用启动了。

5.4 轻量系统 STM32F407IGT6 芯片移植案例

本节将介绍基于 STM32F407IGT6 芯片在拓维信息 Niobe 407 开发板上移植 OpenHarmony LiteOS_M 轻量系统，提供交通、工业领域开发板解决方案，如图 5-3 所示。移植架构采用开发板与 SoC 分离方案，使用 arm gcc 工具链 Newlib C 库，实现 LWIP、LittleFs、HDF 等子系统及组件的适配，并开发配套应用示例代码，支持通过 Kconfig 图形化配置编译选项。

图 5-3　Niobe 407 开发板

5.4.1　开发板介绍

Niobe 407 开发板是基于意法半导体 STM32F407IGT6 芯片，由湖南开鸿智谷数字产业发展有限公司出品的一款高性能、多功能的开发板，主要应用于工业、交通等领域。它基于 ARM Corte-M4 32 位内核，工作频率为 168 MHz，具有浮点运算单元（FPU），该单元支持所有 ARM 单精度数据处理指令和数据类型。它集成了高速嵌入式存储器，具有 1 MB 闪存，192 KB SRAM。外设包含一路 RJ45 以太网、两路 CAN、一路 RS232、两路 RS485、一路 I2C 和一个全速 USB OTG，并且底板板载支持外挂 USB 4G 模块、Lora 及 Wi-Fi 蓝牙模块。

（1）开发板外观图

开发板整体外观如图 5-4 所示。

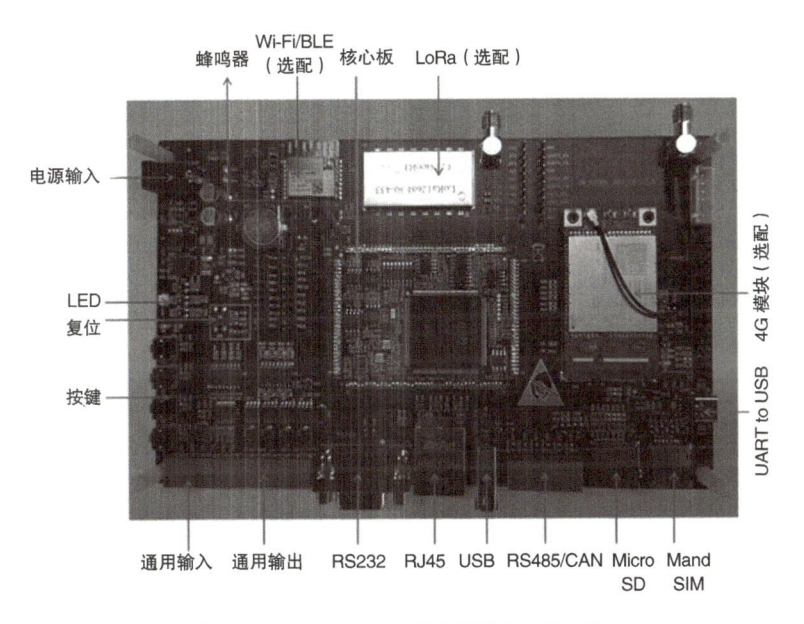

图 5-4　Niobe 407 开发板整体外观图

核心板外观如图 5-5 所示。

图 5-5　Niobe 407　核心板外观图

（2）硬件结构与功能框图

Niobe 407 开发板采用双板层叠结构，包括核心板（core）和底板（base）。核心板以四面邮票孔形式引出；底板包括电源输入、LED、按键、通用输入、输出、RS232、RS485、CAN、Micro SD、Nand SIM、TypeC 等接口以及 4G、Wi-Fi/BLE、LoRa 等选配功能模块。开发者可在 Niobe 407 上验证和开发自己的软件和功能，同步使用核心板进行硬件开发，能够大大缩短产品研发周期。

功能框图如图 5-6 所示。

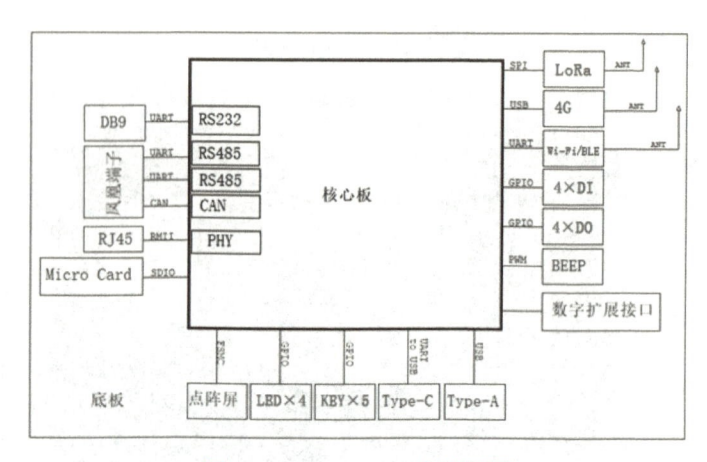

图 5-6　Niobe 407 功能框图

（3）开发板资源

Niobe 407 开发板资源如表 5-5 所示。

表 5-5　Niobe 407 开发板资源

器件类别	开发板
CPU	单核 Cortex-M4F（主频最高为 168 MHz）
FLASH	片内 1 MB+ 外挂 16 MB
RAM	128 KB RAM + 64 KB CCMRAM
GPIO	20 个
I2C	1 路
UART	2 个
RS232	1 路
RS485	2 路
CAN	1 路
PWM	1 个
JTAG	1 个
ADC	3 个
有线网口	1 个
FMSC LCD	1 个
4G 模块	1 个
Wi-Fi/BLE 模块	1 个
LoRa 模块	1 个

5.4.2　适配准备

（1）下载 STM32CubeMX 图形工具

前往意法半导体官网下载 STM32CubeMX 图形工具，如图 5-7 所示。

Get Software

Part Number	General Description	Latest version	Download	All versions
+ Patch-CubeMX	Patch for STM32CubeMX	6.7.1	Get latest	
+ STM32CubeMX-Lin	STM32Cube init code generator for Linux	6.9.0	Get latest	Select version
+ STM32CubeMX-Mac	STM32Cube init code generator for macOS	6.9.0	Get latest	Select version
+ STM32CubeMX-Win	STM32Cube init code generator for Windows	6.9.0	Get latest	Select version

图 5-7　STM32CubeMX 图形工具下载

（2）安装交叉编译工具链

准备 Ubuntu20.04 系统环境，安装 arm-none-eabi-gcc 交叉编译工具链

①在 Ubuntu 系统中新建如下目录，用来存储下载的编译工具链。

```
mkdir -p ~/download && cd ~/download
```

②下载如下交叉编译工具链压缩包。

```
wget https://repo.huaweicloud.com/openharmony/compiler/gcc-arm-none-eabi/10.3/linux/gcc-arm-none-eabi-10.3-2021.10-x86_64-linux.tar.bz2
```

③解压如下工具链。

```
sudo tar axvf gcc-arm-none-eabi-10.3-2021.10-x86_64-linux.tar.bz2 -C /opt/
```

④打开如下配置文件。

```
vim ~/.bashrc
```

⑤在文件末尾添加代码。

```
export PATH=/opt/gcc-arm-none-eabi-10.3-2021.10/bin:$PATH
```

⑥执行如下命令使配置生效。

```
source ~/.bashrc
```

5.4.3 生成可用工程

通过 STM32CubeMX 工具生成 STM32F407IGT6 芯片的 Makefile 工程,配置建议如下。
- 系统相关配置采用默认配置。
- 时钟配置时将 SYSCLK 选项配置为 168 MHz,发挥芯片最强性能。
- 配置 USART1 用作调试串口,用来打印适配过程中的调试信息。
- 配置 STM32CubeMX 工程选项时,将 Toolchain/IDE 选项设置为 Makefile。

生成的工程目录如下。

```
├── Core
│   ├── Inc
│   │   ├── main.h
│   │   ├── stm32f4xx_hal_conf.h
│   │   └── stm32f4xx_it.h
│   └── Src
│       ├── main.c                  # 主函数
│       ├── stm32f4xx_hal_msp.c     # HAL 库弱函数配置文件
│       ├── stm32f4xx_it.c          # 中断回调函数文件
│       └── system_stm32f4xx.c      # 系统
├── Drivers
│   ├── CMSIS                       # CMSIS 接口
│   └── STM32F4xx_HAL_Driver        # HAL 库驱动
├── Makefile                        # Makefile 编译
├── STM32F407IGTx_FLASH.ld          # 链接文件
├── startup_stm32f407xx.s           # 启动文件
└── stm32f407_output.ioc            # STM32CubeMX 工程文件
```

5.4.4 编译构建

(1) 目录规划

芯片适配目录规划如下。

```
device
├── board                    # 单板厂商目录
│   └── talkweb              # 单板厂商名字：拓维信息
│       └── niobe407         # 单板名：与产品名一致
└── soc                      # SoC 厂商目录
    └── st                   # SoC 厂商名称
        └── stm32f4xx        # SoC Series 名：stm32f4xx 是一个系列，包含该系列 soc 相关代码
```

产品样例目录规划为：

```
vendor
└── talkweb                  # 开发产品样例厂商目录
    └── niobe407             # 产品名称：niobe407
```

（2）预编译适配

预编译适配内容就是围绕 hb set 命令的适配，使工程能够通过该命令设置根目录、单板目录、产品目录、单板公司名等环境变量，为后续适配编译做准备。具体的预编译适配步骤如下。

①在 vendor/talkweb/niobe407 目录下新增 config.json 文件，用于描述这个产品样例所使用的单板、内核等信息，描述信息可参考如下内容。

```
{
    "product_name": "niobe407",        # 用于在 hb set 进行选择时，显示的产品名称
    "type": "mini",                    # 构建系统的类型：mini/small/standard
    "version": "3.0",                  # 构建系统的版本：1.0/2.0/3.0
    "device_company": "talkweb",       # 单板厂商名，用于编译时找到 /device/board/talkweb 目录
    "board": "niobe407",               # 单板名，用于编译时找到 /device/board/talkweb/niobe407 目录
    "kernel_type": "liteos_m",         # 内核类型
    "kernel_version": "3.0.0",         # 内核版本
    "subsystems": [ ]                  # 选择所需要编译构建的子系统
}
```

②在 //device/board/talkweb/niobe407 目录下创建 liteos_m 目录，在创建的目录下新增一个 config.gni 文件，用于描述该产品的编译配置信息。

```
# 内核类型 "linux"、"liteos_a"、"liteos_m".
kernel_type = "liteos_m"      # 内核类型，与 config.json 中 kernel_type 对应

# 内核版本
kernel_version = "3.0.0"      # 内核版本，与 config.json 中 kernel_version 对应
```

③验证 hb set 配置是否正确，输入 hb set 能够显示如图 5-8 所示信息。

```
hisilicon
    ipcamera_hispark_taurus_linux
    wifiiot_hispark_pegasus
    watchos
    ipcamera_hispark_aries
    ipcamera_hispark_taurus
goodix
    gr5515_sk_xts_demo
    gr5515_sk_iotlink_demo
talkweb
  > niobe407
```

图 5-8 niobe 407 产品配置

④通过 hb env 命令可以查看选择出来的预编译环境变量，如图 5-9 所示。

```
linux@linux-virtual-machine:~/ohos$ hb env
[OHOS INFO] root path: /home/linux/ohos
[OHOS INFO] board: niobe407
[OHOS INFO] kernel: liteos_m
[OHOS INFO] product: niobe407
[OHOS INFO] product path: /home/linux/ohos/vendor/talkweb/niobe407
[OHOS INFO] device path: /home/linux/ohos/device/board/talkweb/niobe407/liteos_m
[OHOS INFO] device company: talkweb
linux@linux-virtual-machine:~/ohos$
```

图 5-9 niobe 407 预编译环境变量

hb 是 OpenHarmony 为了方便开发者进行代码构建编译，提供的 Python 脚本工具，其源代码就在 //build/lite 仓库目录下。

在执行 hb set 命令时，脚本会遍历 //vendor/<product_company>/<product_name> 目录下的 config.json，列出可选产品编译选项。在 config.json 文件中，product_name 表示产品名，device_company 和 board 用于关联 //device/board/<device_company>/<board> 目录，匹配该目录下的 <any_dir_name>/config.gni 文件，其中 <any_dir_name> 目录名可以是任意名称，但建议将其命名为适配内核名称（如 liteos_m、liteos_a、linux）。hb 命令如果匹配到了多个 config.gni，则会将其中的 kernel_type 和 kernel_version 字段与 vendor/<device_company> 下 config.json 文件中的字段进行匹配，从而确定参与编译的 config.gni 文件。

至此，预编译适配完成，但工程还不能执行 hb build 进行编译，还需要准备好后续的 LiteOS-M 内核移植。

5.4.5 内核移植

内核移植需要完成 LiteOS_M Kconfig 适配、GN 的编译构建和内核启动最小适配，因此，需要先掌握 Kconfig 基础语法。

（1）Kconfig 基础语法

Linux 内核在 2.6 版本以后将配置文件由原来的 config.in 改为 Kconfig。当执行 make menuconfig 时会出现内核的配置界面，所有配置工具都是通过读取 arch/$（ARCH）Kconfig 文件来生成配置界面，这个文件就是所有配置的总入口，它会包含其他目录的 Kconfig。

Kconfig 的作用是用来配置内核，它就是各种配置界面的源文件，内核的配置工具读取各个 Kconfig 文件，生成配置界面供开发人员配置内核，最后生成配置文件 .config。

①主菜单（mainmenu）。

该菜单是输入 make menuconfig 以后打开的默认界面。

```
mainmenu "项目工程名字"
```

这个"项目工程名字"将作为菜单初始的标题，整个配置目录是树型结构。

```
这里是内核工程标题 (mainmenu)
+- 内核架构 (menu)
|  +- 大端 (config)
+- 组件 (menu)
|  +- Networking support
|  +- System V IPC
|  +- BSD Process Accounting
|  +- Sysctl support
+- 模块 (menu)
|  +- 核心 (menu)
|     +- Set version information on all module symbols
|     +- Kernel module loader
+- ...
```

每一个实际配置条目（config、choice 等）都具有自己的依赖关系，如果依赖关系不满足，将不会出现在菜单配置可选项里面。如果一个配置条目的上级配置菜单不可见，那么该配置条目也不可见。

②包含其他目录的 Kconfig（source）。

使用这个关键字，就可以将其他目录的 Kconfig 包含进来，注意这里并没有目录层次关系，可以在目录里面包含外部的 Kconfig 文件。

```
source "xxx/Kconfig" // 这里可以为绝对路径或者相对路径
```

顶层 Kconfig 文件包含的其他 Kconfig 将生成子菜单项，并拥有自己的菜单界面。

```
# 主菜单
mainmenu "Onceday Kconfig test"

# 引用其他文件
source "arch/Kconfig"
```

③菜单条目（menu/endmenu）。

menu 生成菜单的条目，而 endmenu 代表该条目的结尾。注意，由于菜单条目的嵌套规则，因此具体层次需要仔细分析。

```
menu " 选项 1"
config MY_CHOICE_1
    bool "chose me"
    default y
endmenu
```

④菜单配置项（config）。

注意 config、choice 等具体配置项和 menu 菜单条目的异同。两者都会在菜单配置界面生成条目，但 menu 相当于文件系统的目录，是一个容器，会以一个独立的界面容纳具体的配置项。config 和 choice 相当于文件，是具体的可供选择的配置项。

```
config MODVERSIONS
    bool "Set version information on all module symbols"
    depends on MODULES
    help
      Usually, modules have to be recompiled whenever you switch to a new
      kernel. ...
```

config 里面可以包含类型、依赖、帮助信息、关联、输入提示、默认值等多条信息，后面将逐一介绍。MODVERSIONS 是关键字，用于全局标识，在生成的 .config 文件里面，作为标识符使用。config 选项的关键字可以重复命名，但是 config 必须有一个不重复的输入提示，并且相互之间输入类型不能冲突。

⑤输入类型（bool、tristate、string、hex、int）。

每个 config 项必须有一个类型定义，基础类型只有两个，即 tristate 和 string。其他类型由这两个类型演变而来。

- tristate，共有三态，表示选择的种类，其中含义如下。

y：将驱动编译进内核镜像。

n：不编译。

m：将驱动编译为 ko 形式。

以下两种定义方式是等效的。

```
bool "Networking support"
bool
prompt "Networking support"
```

⑥输入提示（prompt）。

```
"prompt" <tips> ["if" <expr>]
```

每个配置实体最多拥有一个输入提示，仅可选 if 进行依赖判断。

⑦默认值（default）。

```
"default" <expr> ["if" <expr>]
```

一个配置条目可以有多个默认值，但仅只有第一个默认值会生效。默认值并没有被限制在 config 配置所在位置，可以在其他的位置修改，并且被一个更早定义的值覆盖。如果用户没有设置值，才会使用默认值，默认值比 prompt 的优先级更高，所以会优先显示默认值。默认值一般都被预设为 n，这样会避免未知的效果，其优点是能够尽量减少工程需要编译的模块。

以下是关于默认值 y/n 的推荐配置。

- 新增的 Kconfig 选项，如果它总是被编译，那么应该默认为 default y。
- 一个不包含实际编译代码的选项，用来开启下层选项，那么应该被设置为 default y。
- 驱动程序的子驱动或一些类似配置选项默认为 default n。可以改成 default y 以确保拥有正常的默认值。
- 常用的硬件或者底层结构，如 CONFIG_NET、CONFIG_BLOCK。

⑧类型定义＋默认值（type definition + default value）。

```
"def_bool"/"def_tristate" <expr> ["if" <expr>]
```

这是缩写形式，和上文分开写的效果是等同的。

⑨依赖（depends on）。

```
"depends on" <expr>
```

定义了菜单项的依赖，如果需要依赖多个选项，则可以用"&&"连接。在一个config实体里面，depends on 会依赖到该实体内的所有选项上。

```
bool "foo" if BAR
default y if BAR
# 与下面等效
depends on BAR
bool "foo"
default y
```

⑩反向依赖（reverse dependencies，select）。

```
"select" <symbol> ["if" <expr>]
```

只能选择 tristate 和 boolean 两种类型（类型为 n、m、y）。正常的 depend on 依赖，降低了符号（symbol）对应的上限（the upper limit），即该符号最大上限取决于其依赖的对象。

B depend on A，如果 A = m(编译 ko)，那么 B 只可能选 n/m。

反向依赖（reverse dependencies）则是限定另一个符号的下限（the lower limit），如下所示。

B select A，如果 B = m，则默认 A = m，且只可能选择 m 和 y。

如果一个配置符号（symbol）被选择（select）了多次，那么其限制值为所有 select 中最大的一个。

B select A，C select A，如果 B = n，C = m，则默认 A = m，且只能选择 m 和 y。

select 最好只用于没有依赖且不可见的配置符号（config symbol）。

B select A，A depend on C

对于上面这一种情况，如果 C=n，则 B 设置为 y 时，A 也会被强制设为 y，select 过程不会去检查 C 的情况（实际 menuconfig 测试会检查，所以这个可能依赖于实现）。因此，需要谨慎使用 select 这个属性。

⑪弱反向依赖（weak reverse dependencies，imply）。

该选项的作用与 select 类似，也会强制去设置选中符号的最小值。

B imply A，A depend on C

但是对于上面这种情况，将 B 设置为 y 时，会去考虑 A 的依赖 C 的值，确保 A 的值符合其自身依赖的情况（实际在 menuconfig 测试中发现，如果 A 有依赖 depends on，则 B 无法影响 A 的值，所以具体情况还是要看如何实现）。

```
config FOO
    tristate "foo"
    imply BAZ

config BAZ
    tristate "baz"
    depends on BAR
```

可能的情况如表 5-6 所示。

表 5-6　弱反向依赖和依赖关系真值表

FOO	BAR	BAZ 的默认值	BAZ 的选项
n	y	n	n/m/y
m	y	m	m/y/n
y	y	y	y/m/n
n	m	n	n/m
m	m	m	m/n
y	m	m	m/n
y	n	n	n

⑫限制菜单显示（visible）。

```
"visible if" <expr>
```

这个属性可以应用于菜单块，如果条件是假的，那么菜单块不会对用户显示，不过此配置符号仍然可以被其他符号选择（select）。这个属性和条件 prompt 语句很像，默认值为 visible。

⑬整数范围（range）。

```
"range" <symbol> <symbol> ["if" <expr>]
```

对于整数和十六进制数，range 可以限制可能的输入范围。用户可以输入一个值，该值大于等于第一个 symbol 值且小于等于第二个 symbol 值。

⑭帮助文本（help）。

```
help
    this is first help information.
    this is second help info.
    this is third....

<other symbol>
```

如上，帮助文本可以填写多行，只要后面某行其缩进空格数比 help 的第一行文本小，那么该行就是其结尾行。

⑮菜单项依赖。

依赖关系定义了菜单项的可见性，还可以缩小三态符号的输入范围。表达式中使用的三态逻辑比正常的布尔逻辑多使用一个状态来表示模块状态。依赖表达式的语法如下。

```
<expr> ::= <symbol>                    (1)
           <symbol> '=' <symbol>       (2)
           <symbol> '!=' <symbol>      (3)
           <symbol1> '<' <symbol2>     (4)
           <symbol1> '>' <symbol2>     (4)
           <symbol1> '<=' <symbol2>    (4)
           <symbol1> '>=' <symbol2>    (4)
           '(' <expr> ')'              (5)
```

```
'!' <expr>                    (6)
<expr> '&&' <expr>            (7)
<expr> '||' <expr>            (8)
```

表达式按优先级递减顺序列出（下面序号对应上面的不同表达式的序号）。

- 将各种符号的值转换成一个表达式值，布尔值（boolean）和三态值（tristate）转化成各自对应的值。所有其他的符号类型都转化为 n。
- 如果两个符号的值相等，那么返回 y，否则返回 n。
- 如果两个符号的值不相等，那么返回 n，否则返回 y。
- 如果两个符号的值满足比较关系，那么返回 y，否则返回 n。
- 返回表达式的值，用于覆盖的优先级。
- 返回结果（2 - /expr/）。
- 返回结果 min（/expr/, /expr/）。
- 返回结果 max（/expr/, /expr/）。

一个表达式的值可以是 n、m、y，或者是 0、1、2，菜单项的值只在 m、y 时是可见的。

有两种类型的符号：常数符号和非常数符号。非常数符号是最常见的符号，用 config 语句定义；非常数符号完全由字母数字字符或下画线组成。常数符号只是表达式的一部分，总是用单引号或双引号括起来。在引号内，允许任何其他字符，并且可以使用''对引号进行转义。

⑯菜单结构。

在菜单树中的实体位置有两种定义方式，第一种是显示指定的。

```
menu "Network device support"
    depends on NET

config NETDEVICES
...

endmenu
```

所有的菜单实体在 menu 和 endmenu 之间，如上所示，NETDEVICES 就是 Network device support 的一个子菜单选项。所有子实体都集成了菜单实体的依赖关系，即 NET 依赖也在选项 NETDEVICES 的依赖列表中。

第二种定义方式是分析依赖项，如果一个菜单条目以某种方式依赖于前一个条目，那么它就可以成为前一个条目的子菜单。首先，前面的（父）符号必须是（子）符号依赖项列表的一部分，然后下面两个条件之一必须为真。

- 如果父条目设置为 n，则子条目必须为不可见的。
- 如果父条目是可见的，则子条目必须是可见的。

```
config MODULES
    bool "Enable loadable module support"

config MODVERSIONS
    bool "Set version information on all module symbols"
    depends on MODULES

comment "module support disabled"
    depends on !MODULES
```

MODVERSIONS 直接依赖于 MODULES，这意味着它只有在 MODULES 不同于 n 时才可见。另一方面，注释（comment）只有在 MODULES 被设置为 n 时才可见。

（2）Kconfig 文件适配

①在 //vendor/talkweb/niobe407 目录下创建 kernel_configs 目录，并创建空文件，命名为 debug.config。

②打开 //kernel/liteos_m/Kconfig 文件，可以看到在该文件通过 orsource 命令导入了 //device/board 和 //device/soc 下多个 Kconfig 文件，后续需要创建并修改这些文件。

```
orsource "../../device/board/*/Kconfig.liteos_m.shields"
orsource "../../device/board/$(BOARD_COMPANY)/Kconfig.liteos_m.defconfig.boards"
orsource "../../device/board/$(BOARD_COMPANY)/Kconfig.liteos_m.boards"
orsource "../../device/soc/*/Kconfig.liteos_m.defconfig"
orsource "../../device/soc/*/Kconfig.liteos_m.series"
orsource "../../device/soc/*/Kconfig.liteos_m.soc"
```

- osource：kconfig 使用 source 来引用其他 Kconfig 文件，而 osource 等于 optional source，表示是可选的，如果 osource 指定的 Kconfig 文件不存在，则不报错。
- rsource：rsource 等于 relative source，后面引用的 Kconfig 文件支持相对路径。
- orsource：等于 osource+rsource。

③在 //device/board/talkweb 下参考如下目录结构创建相应的 Kconfig 文件。

```
├── Kconfig.liteos_m.boards
├── Kconfig.liteos_m.defconfig.boards
├── Kconfig.liteos_m.shields
└── niobe407
    ├── Kconfig.liteos_m.board            # 开发板配置选项
    ├── Kconfig.liteos_m.defconfig.board  # 开发板默认配置选项
    └── liteos_m
        └── config.gni
```

④修改 Kconfig 文件内容。

- 在 //device/board/talkweb/Kconfig.liteos_m.boards 文件中添加如下内容。

```
if SOC_STM32F407
    orsource "niobe407/Kconfig.liteos_m.board" # 可根据 SoC 定义，加载指定 board 目录定义 endif
```

- 在 //device/board/talkweb/Kconfig.liteos_m.defconfig.boards 文件中添加如下内容。

```
orsource "*/Kconfig.liteos_m.defconfig.board"
```

- 在 //device/board/talkweb/Kconfig.liteos_m.shields 文件中添加如下内容。

```
orsource "shields/Kconfig.liteos_m.shields"
```

- 在 //device/board/talkweb/niobe407//Kconfig.liteos_m.board 文件中添加如下内容。

```
menuconfig BOARD_NIOBE407
    bool "select board niobe407"
    depends on SOC_STM32F407    # niobe407 使用的是 STMstm32f407 的 SoC，只有 SoC 被
                                # 选择后，niobe407 的配置选项才可见，才可以被选择
```

- 在 //device/board/talkweb/niobe407/Kconfig.liteos_m.defconfig.board 中添加如下内容。

```
if BOARD_NIOBE407
                                # 用于添加 BOARD_NIOBE407 默认配置
endif #BOARD_NIOBE407
```

⑤在 //device/soc/st 下参考如下目录结构创建相应的 Kconfig 文件，并将 STM32CubeMX 自动生成工程中的 Drivers 目录复制至 stm32f4xx/sdk 目录下。

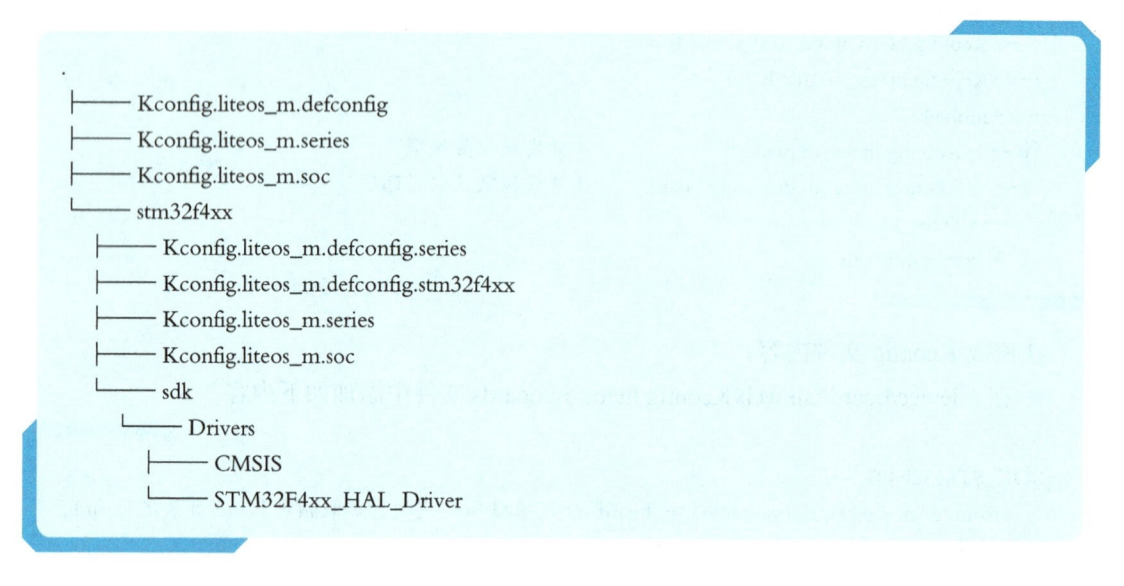

```
.
├── Kconfig.liteos_m.defconfig
├── Kconfig.liteos_m.series
├── Kconfig.liteos_m.soc
└── stm32f4xx
    ├── Kconfig.liteos_m.defconfig.series
    ├── Kconfig.liteos_m.defconfig.stm32f4xx
    ├── Kconfig.liteos_m.series
    ├── Kconfig.liteos_m.soc
    └── sdk
        └── Drivers
            ├── CMSIS
            └── STM32F4xx_HAL_Driver
```

⑥修改 Kconfig 文件内容。

- 在 //device/soc/st/Kconfig.liteos_m.defconfig 中添加如下内容。

```
rsource "*/Kconfig.liteos_m.defconfig.series"
```

- 在 //device/soc/st/Kconfig.liteos_m.series 中添加如下内容。

```
rsource "*/Kconfig.liteos_m.series"
```

- 在 //device/soc/st/Kconfig.liteos_m.soc 中添加如下内容。

```
config SOC_COMPANY_STMICROELECTRONICS
    bool
if SOC_COMPANY_STMICROELECTRONICS
config SOC_COMPANY
    default "st"
rsource "*/Kconfig.liteos_m.soc"
endif # SOC_COMPANY_STMICROELECTRONICS
```

- 在 //device/soc/st/stm32f4xx/Kconfig.liteos_m.defconfig.series 中添加如下内容。

```
if SOC_SERIES_STM32F4xx
rsource "Kconfig.liteos_m.defconfig.stm32f4xx"
config SOC_SERIES
    string
    default "stm32f4xx"
endif
```

- 在 //device/soc/st/stm32f4xx/Kconfig.liteos_m.defconfig.stm32f4xx 中添加如下内容。

```
config SOC
    string
    default "stm32f4xx"
    depends on SOC_STM32F4xx
```

- 在 //device/soc/st/stm32f4xx/Kconfig.liteos_m.series 中添加如下内容。

```
config SOC_SERIES_STM32F4xx
    bool "STMicroelectronics STM32F4xx series"
    select ARCH_ARM
    select SOC_COMPANY_STMICROELECTRONICS
    select CPU_CORTEX_M4
    help
      Enable support for STMicroelectronics STM32F4xx series
```

- 在 //device/soc/st/stm32f4xx/Kconfig.liteos_m.soc 中添加如下内容。

```
choice
    prompt "STMicroelectronics STM32F4xx series SoC"
    depends on SOC_SERIES_STM32F4xx
config SOC_STM32F407
    bool "SoC STM32F407"
endchoice
```

⑦在 kernel/liteos_m 目录下执行 make menuconfig 命令，对 SoC Series 进行配置，如图 5-10 所示。

```
(st) SoC company name to locate soc build path (NEW)
    shield Selection  ----
    shield Selection  ----
    Board Selection (select board niobe407)  --->
    SoC Series Selection (STMicroelectronics STM32F4xx series)  ---
    STMicroelectronics STM32F4xx series SoC (SoC STM32F407)  --->
```

图 5-10　make menuconfig 配置 SoC Series

结果将自动保存在 $（PRODUCT_PATH）/kernel_configs/debug.config 目录下，下次执行 make menuconfig 命令时会导出保存的结果。

（3）BUILD.gn 文件适配

① 在 kernel/liteos_m/BUILD.gn 中，可以看到，通过 deps 命令指定了 Board 和 SoC 的编译入口。

```
deps += [ "//device/board/$device_company" ]              # 对应 //device/board/talkweb 目录
deps += [ "//device/soc/$LOSCFG_SOC_COMPANY" ] # 对应 //device/soc/st 目录
```

② 在 //device/board/talkweb/BUILD.gn 中，新增内容如下。

```
if (ohos_kernel_type == "liteos_m") {
  import("//kernel/liteos_m/liteos.gni")
  module_name = get_path_info(rebase_path("."), "name")
  module_group(module_name) {
    modules = [ "niobe407" ]
  }
}
```

③ 在 niobe407 目录下创建 BUILD.gn，为了方便管理，将目录名作为模块名。

```
import("//kernel/liteos_m/liteos.gni")
module_name = get_path_info(rebase_path("."), "name")
module_group(module_name) {
  modules = [
     "liteos_m",
  ]
}
```

④ 将 STM32CubeMX 生成的示例工程 Core 目录下的文件、startup_stm32f407xx.s 启动文件和 STM32F407IGTx_FLASH.ld 链接文件复制到 //device/board/talkweb/niobe407/liteos_m/ 目

录下，并在该目录下创建 BUILD.gn，添加如下内容。

```
import("//kernel/liteos_m/liteos.gni")
module_name = get_path_info(rebase_path("."), "name")
kernel_module(module_name) {
    sources = [
        "startup_stm32f407xx.s",
        "Src/main.c",
        "Src/stm32f4xx_hal_msp.c",
        "Src/stm32f4xx_it.c",
        "Src/system_stm32f4xx.c",
    ]
    include_dirs = [
        "Inc",
    ]
}

config("public") {
    ldflags = [
        "-Wl,-T" + rebase_path("STM32F407IGTx_FLASH.ld"),
        "-Wl,-u_printf_float",
    ]
    libs = [
        "c",
        "m",
        "nosys",
    ]
}
```

⑤在 make menuconfig 中依次配置（Top）→ Compat → Choose libc implementation，选择 newlibc。

⑥由于 _write 函数会与 kernel 的文件操作函数重名，导致编译失败。因此换一种方法来适配 printf 函数，可先将 main.c 文件中对 _write 函数的重写删除，将 printf 函数改用如下方式进行串口打印测试。

```
uint8_t test[]={"hello niobe407!!\r\n"};
int len = strlen(test);
HAL_UART_Transmit(&huart1, (uint8_t *)test, len, 0xFFFF);
```

⑦同理，//device/soc/st/BUILD.gn 按照目录结构层层依赖包含，最终在 //device/soc/st/

stm32f4xx/sdk/BUILD.gn 中通过 kernel_module 模板中指定需要参与编译的文件及编译参数，参考如下。

```
import("//kernel/liteos_m/liteos.gni")
module_name = "stm32f4xx_sdk"
kernel_module(module_name) {
  asmflags = board_asmflags
  sources = [
    "Drivers/STM32F4xx_HAL_Driver/Src/stm32f4xx_hal_rcc.c",
    "Drivers/STM32F4xx_HAL_Driver/Src/stm32f4xx_hal_rcc_ex.c",
    "Drivers/STM32F4xx_HAL_Driver/Src/stm32f4xx_hal_gpio.c",
    "Drivers/STM32F4xx_HAL_Driver/Src/stm32f4xx_hal_dma_ex.c",
    "Drivers/STM32F4xx_HAL_Driver/Src/stm32f4xx_hal_dma.c",
    "Drivers/STM32F4xx_HAL_Driver/Src/stm32f4xx_hal_cortex.c",
    "Drivers/STM32F4xx_HAL_Driver/Src/stm32f4xx_hal.c",
    "Drivers/STM32F4xx_HAL_Driver/Src/stm32f4xx_hal_exti.c",
    "Drivers/STM32F4xx_HAL_Driver/Src/stm32f4xx_hal_uart.c",
  ]
}
# 指定全局头文件搜索路径
config("public") {
  include_dirs = [
      "Drivers/STM32F4xx_HAL_Driver/Inc",
      "Drivers/CMSIS/Device/ST/STM32F4xx/Include",
  ]
}
```

（4）config.gni 文件适配

在预编译阶段，在 //device/board/talkweb/niobe407/liteos_m 目录下创建了一个 config.gni 文件，它其实就是 GN 脚本的头文件，可以理解为工程构建的全局配置文件。主要配置了 CPU 型号、交叉编译工具链、全局编译及链接参数等重要信息。

```
# 内核类型，如 "linux"、"liteos_a"、"liteos_m"
kernel_type = "liteos_m"

# 内核版本
kernel_version = "3.0.0"

# 板载 CPU 类型，如 "cortex-a7"、"riscv32"
board_cpu = "cortex-m4"
```

```
# 开发板架构，如 "armv7-a"、"rv32imac".
board_arch = ""

# 用于系统编译的工具链名称  gcc-arm-none-eabi, arm-linux-harmonyeabi-gcc, ohos-clang,
riscv32-unknown-elf.
# 注意：默认工具链是 "ohos-clang".
board_toolchain = "arm-none-eabi-gcc"

use_board_toolchain = true

# 已安装工具链路径，如果已将工具链路径添加到 ~/.bashrc 中，则不是必需的
board_toolchain_path = ""

# 编译器前缀
board_toolchain_prefix = "arm-none-eabi-"

# 编译器类型，"gcc" or "clang".
board_toolchain_type = "gcc"

# 调试编译器优化等级选项
board_opt_flags = [
    "-mcpu=cortex-m4",
    "-mthumb",
    "-mfpu=fpv4-sp-d16",
    "-mfloat-abi=hard",
]

# 开发板相关的通用编译标志
board_cflags = [
    "-Og",
    "-Wall",
    "-fdata-sections",
    "-ffunction-sections",
    "-DSTM32F407xx",
]
board_cflags += board_opt_flags

board_asmflags = [
    "-Og",
    "-Wall",
    "-fdata-sections",
    "-ffunction-sections",
```

```
]
board_asmflags += board_opt_flags

board_cxx_flags = board_cflags

board_ld_flags = board_opt_flags

# 开发板相关的头文件搜索路径
board_include_dirs = [ "//utils/native/lite/include" ]

# 鸿蒙系统组件的开发板适配目录
board_adapter_dir = ""
```

如上所示，比较难理解的是 board_opt_flags、board_cflags、board_asmflags 等几个参数配置。可以参考如下描述，从 STM32CubeMX 生成的工程中的 Makefile 文件中提取出来。

- board_opt_flags：编译器相关选项，一般为芯片架构、浮点类型、编译调试优化等级等选项。
- board_asmflags：汇编编译选项，与 Makefile 中的 ASMFLAGS 变量对应。
- board_cflags：C 代码编译选项，与 Makefile 中的 CFLAGS 变量对应。
- board_cxx_flags：C++ 代码编译选项，与 Makefile 中的 CXXFLAGS 变量对应。
- board_ld_flags：链接选项，与 Makefile 中的 LDFLAGS 变量对应。

（5）内核子系统适配

在 //vendor/talkweb/niobe407/config.json 文件中添加内核子系统及相关配置，如下所示。

```
{
  "product_name": "niobe407",
  "type": "mini",
  "version": "3.0",
  "device_company": "talkweb",
  "board": "niobe407",
  "kernel_type": "liteos_m",
  "kernel_version": "3.0.0",
  "subsystems": [
    {
      "subsystem": "kernel",
      "components": [
```

```
            {
                "component": "liteos_m"
            }
        ]
    }
],
"product_adapter_dir": "",
"third_party_dir": "//third_party"
}
```

（6）target_config.h 文件适配

在 //kernel/liteos_m/kernel/include/los_config.h 文件中，有一个名为 target_config.h 的头文件，如果没有这个头文件，则会编译出错。该头文件的作用主要是定义一些与 SoC 芯片相关的宏定义，可以创建一个空头文件，再配合编译报错提示信息来确定需要定义哪些宏。经验证，Cortex-M4 的核适配只需定义 LOSCFG_BASE_CORE_TICK_RESPONSE_MAX 宏并包含 stm32f4xx.h 头文件 kernel 就可以编译通过。若前期不知如何配置，可以参考虚拟机 qemu 示例中 //device/qemu/arm_mps2_an386/liteos_m/board/target_config.h 的配置。

```
#ifndef _TARGET_CONFIG_H
#define _TARGET_CONFIG_H

#define LOSCFG_BASE_CORE_TICK_RESPONSE_MAX              0xFFFFFFUL
#include "stm32f4xx.h"                  // 包含了 STM32F4 平台大量的宏定义

#endif
```

其中宏定义 LOSCFG_BASE_CORE_TICK_RESPONSE_MAX 是直接参考的 //device/qemu/arm_mps2_an386/liteos_m/board/target_config.h 文件中的配置，//device/qemu/arm_mps2_an386 是 Cortex-M4 的虚拟机工程，后续适配可以直接参考。

（7）内核启动适配

至此，已经成功将 kernel 子系统编译通过，并且在 out 目录下生成 OHOS_Image.bin 文件。将生成的 OHOS_Image.bin 文件烧录至开发板，验证开发板能否正常启动运行，如果能成功打印出 main 函数中串口输出的正确的打印信息，则可以开始进行内核启动适配。

① 为 liteOS-M 分配内存，适配内存分配函数。

在文件 //kernel/liteos_m/kernel/src/mm/los_memory.c 中，OsMemSystemInit 函数通过 LOS_MemInit 进行了内存初始化。可以看到几个比较关键的宏需要指定，可将其添加到 target_config.h 中。

```
extern unsigned int __los_heap_addr_start__;
extern unsigned int __los_heap_addr_end__;
#define LOSCFG_SYS_EXTERNAL_HEAP 1
#define LOSCFG_SYS_HEAP_ADDR ((void *)&__los_heap_addr_start__)
#define LOSCFG_SYS_HEAP_SIZE (((unsigned long)&__los_heap_addr_end__) - ((unsigned long)&__los_heap_addr_start__))
```

其中，__los_heap_addr_start__ 与 __los_heap_addr_end__ 变量在 STM32F407IGTx_FLASH.ld 链接文件中被定义，将 _user_heap_stack 花括号中的内容修改如下。

```
._user_heap_stack :
{
    . = ALIGN(0x40);
    __los_heap_addr_start__ = .;
    __los_heap_addr_end__ = ORIGIN(RAM) + LENGTH(RAM);
} >RAM
```

除此之外，还需要适配内存分配函数，由于内核中已经对 _malloc_r 等内存分配函数进行了实现，因此采用包装函数的方式来适配，用内核中的内存分配函数替换标准库中的内存分配函数即可，在 //device/board/talkweb/niobe407/liteos_m/config.gni 中将 board_ld_flags 链接参数变量修改如下。

```
board_ld_flags = [
    "-Wl,--wrap=_calloc_r",
    "-Wl,--wrap=_malloc_r",
    "-Wl,--wrap=_realloc_r",
    "-Wl,--wrap=_reallocf_r",
    "-Wl,--wrap=_free_r",
    "-Wl,--wrap=_memalign_r",
    "-Wl,--wrap=_malloc_usable_size_r",
]
board_ld_flags += board_opt_flags
```

②适配 printf 打印。

为了方便后续调试，还需要适配 printf 函数。此处只做简单适配，具体实现可以参考其他各开发板源码。在 main.c 同级目录下创建 dprintf.c 文件，文件内容如下。

```c
#include <stdarg.h>
#include "los_interrupt.h"
#include <stdio.h>

extern UART_HandleTypeDef huart1;

INT32 UartPutc(INT32 ch, VOID *file)
{
    char RL = '\r';
    if (ch =='\n') {
        HAL_UART_Transmit(&huart1, &RL, 1, 0xFFFF);
    }
    return HAL_UART_Transmit(&huart1, (uint8_t *)&ch, 1, 0xFFFF);
}

static void dputs(char const *s, int (*pFputc)(int n, FILE *cookie), void *cookie)
{
    unsigned int intSave;

    intSave = LOS_IntLock();
    while (*s) {
        pFputc(*s++, cookie);
    }
    LOS_IntRestore(intSave);
}

int printf(char const *fmt, ...)
{
    char buf[1024] = { 0 };
    va_list ap;
    va_start(ap, fmt);
    int len = vsnprintf_s(buf, sizeof(buf), 1024 - 1, fmt, ap);
    va_end(ap);
    if (len > 0) {
        dputs(buf, UartPutc, 0);
    } else {
        dputs("printf error!\n", UartPutc, 0);
    }
    return len;
}
```

将 dprintf.c 文件加入 BUILD.gn 编译脚本，参与编译。

```
kernel_module(module_name) {
  sources = [
     "startup_stm32f407xx.s",
  ]

  sources += [
     "Src/main.c",
     "Src/dprintf.c",
     "Src/stm32f4xx_hal_msp.c",
     "Src/stm32f4xx_it.c",
     "Src/system_stm32f4xx.c",
  ]
}
```

在串口初始化之后使用 printf 函数打印，测试是否适配成功。

③调用 LOS_KernelInit 初始化内核，进入任务调度。

在 main 函数中串口初始化之后，调用 LOS_KernelInit 进行初始化，创建任务示例，进入任务调度。

```
#include "los_task.h"

UINT32 ret;
ret = LOS_KernelInit();        # 初始化内核
if (ret == LOS_OK) {
    TaskSample();              # 示例任务函数，在此函数中创建线程任务
    LOS_Start();               # 开始任务调度，程序执行将阻塞在此，由内核接管调度
}
```

其中 TaskSample( ) 函数内容如下：

```
VOID TaskSampleEntry2(VOID)
{
  while (1) {
     printf("TaskSampleEntry2 running...\n");
     (VOID)LOS_TaskDelay(2000); /* 2000 millisecond */
  }
}
```

```c
VOID TaskSampleEntry1(VOID)
{
    while (1) {
        printf("TaskSampleEntry1 running \n");
        (VOID)LOS_TaskDelay(2000); /* 2000 millisecond */
    }
}
VOID TaskSample(VOID)
{
    UINT32 uwRet;
    UINT32 taskID1;
    UINT32 taskID2;
    TSK_INIT_PARAM_S stTask = {0};

    stTask.pfnTaskEntry = (TSK_ENTRY_FUNC)TaskSampleEntry1;
    stTask.uwStackSize = 0x1000;
    stTask.pcName = "TaskSampleEntry1";
    stTask.usTaskPrio = 6; /* Os task priority is 6 */
    uwRet = LOS_TaskCreate(&taskID1, &stTask);
    if (uwRet != LOS_OK) {
        printf("Task1 create failed\n");
    }

    stTask.pfnTaskEntry = (TSK_ENTRY_FUNC)TaskSampleEntry2;
    stTask.uwStackSize = 0x1000;
    stTask.pcName = "TaskSampleEntry2";
    stTask.usTaskPrio = 7; /* Os task priority is 7 */
    uwRet = LOS_TaskCreate(&taskID2, &stTask);
    if (uwRet != LOS_OK) {
        printf("Task2 create failed\n");
    }
}
```

适配完内核启动后，可以通过调试串口看到如图 5-11 所示打印信息。后续还需要对整个基础内核进行详细适配验证。

```
entering kernel init...
Entering scheduler
TaskSampleEntry1 running...
TaskSampleEntry2 running...
TaskSampleEntry1 running...
TaskSampleEntry2 running...
TaskSampleEntry1 running...
TaskSampleEntry2 running...
TaskSampleEntry1 running...
TaskSampleEntry2 running...
```

图 5-11 打印信息

（8）内核基础功能适配

内核基础功能适配项包括中断管理、任务管理、内存管理、内核通信机制、时间管理、软件定时器，可以参考对应链接中的编程实例进行内核基础功能验证。在验证的过程中发现问题，针对相应问题进行具体的适配。

从图 5-12 中打印信息输出时间间隔可以看出，LOS_TaskDelay 函数的延时时间不准确，我们可以在 target_config.h 中定义如下宏进行内核时钟适配。

```
#define OS_SYS_CLOCK                                168000000
#define LOSCFG_BASE_CORE_TICK_PER_SECOND            (1000UL)
```

其他内核基础功能的适配方法大多也是围绕于 target_config.h 中的宏定义，可以配合 //kernel/liteos_m 下的源码进行更多功能适配。

（9）LittleFS 文件系统移植适配

Niobe 407 开发板外挂了 16 MB 的 SPI-FLASH，Niobe 407 基于该 Flash 进行了 LittleFS 适配。内核已经对 LittleFS 进行了适配，我们只需要开启 Kconfig 中的配置，然后适配如下 LittleFS 接口。

```
int32_t LittlefsRead(const struct lfs_config *cfg, lfs_block_t block,
             lfs_off_t off, void *buffer, lfs_size_t size)
{
    W25x_BufferRead(buffer, cfg->context + cfg->block_size * block + off, size);
    return LFS_ERR_OK;
}

int32_t LittlefsProg(const struct lfs_config *cfg, lfs_block_t block,
             lfs_off_t off, const void *buffer, lfs_size_t size)
{
    W25x_BufferWrite((uint8_t *)buffer,cfg->context + cfg->block_size * block + off,size);
    return LFS_ERR_OK;
}

int32_t LittlefsErase(const struct lfs_config *cfg, lfs_block_t block)
{
    W25x_SectorErase(cfg->context + cfg->block_size * block);
    return LFS_ERR_OK;
}

int32_t LittlefsSync(const struct lfs_config *cfg)
{
```

```
    return LFS_ERR_OK;
}
```

W25x_BufferRead 等函数是 SPI-FLASH 读写操作的接口，不同型号的 SPI-FLASH 其实现也不同，Niobe 407 的 SPI-FLASH 操作具体实现可参考 //device/board/talkweb/niobe407/ liteos_m/drivers/spi_flash/src/w25qxx.c 文件。

由于 SPI 已经 HDF 化了，而 littleFS 依赖于 SPI 驱动，为了方便对文件系统进行配置，可以将 littleFS 的配置加入 .hcs 文件中，具体可参考 //device/board/talkweb/niobe407/ liteos_m/hdf_config/hdf_littlefs.hcs 文件。

```
misc {
    littlefs_config {
        match_attr = "littlefs_config";
        mount_points = ["/talkweb"];
        partitions = [0x800000];
        block_size = [4096];
        block_count = [256];
    }
}
```

第 6 章
轻量级系统子系统移植

本章主要介绍 OpenHarmony 轻量系统移植常见子系统的过程，包括启动恢复子系统、文件子系统、安全子系统、通信子系统等适配。不同子系统提供了特定的能力，我们可以根据项目需求以及设备的硬件资源进行相应子系统移植。本章基于 Niobe 407 开发板进行了启动恢复子系统、DFX 子系统、XTS 兼容性测评子系统等子系统的适配，将 OpenHarmony 的原生能力移植到新的硬件设备上。

6.1 移植子系统概述

OpenHarmony 系统功能按照"系统 → 子系统 → 部件"逐级展开，支持根据实际需求裁剪某些非必要的部件，本文以部分子系统、部件为例进行介绍。若想使用 OpenHarmony 系统的能力，需要对相应子系统进行适配。

OpenHarmony 常见子系统如表 6-1 所示，需结合具体芯片再做增、减操作。

表 6-1　OpenHarmony 常见子系统

子系统	作用
applications	应用程序 demo。可将应用相关源码存放在此目录下
kernel	内核子系统。负责任务调度、内存管理等常见的内核功能
hiviewdfx	可维可测子系统。提供日志相关功能
communication	通信子系统。包含 Wi-Fi、蓝牙功能
iothardware	IoT 外设子系统。提供常见的外设接口，例如 GPIO、I2C、SPI 等
startup	启动子系统。内核启动后运行的第一个子系统，负责在内核启动之后到应用启动之前的系统关键进程和服务的启动过程的功能
update	升级子系统。用来支持 OpenHarmony 设备的 OTA 升级
utils	公共基础库子系统。提供了一些常用的 C、C++ 开发增强 API
distributed_schedule	分布式调度子系统。负责跨设备部件管理，提供访问和控制远程组件的能力，支持分布式场景下的应用协同
security	安全子系统。包括系统安全、数据安全、应用安全等功能，为 OpenHarmony 提供有效保护应用和用户数据的能力。当前开源的功能，包括应用完整性保护、应用权限管理、设备认证、密钥管理服务、数据传输管控
test	测试子系统。OpenHarmony 为开发者提供了一套全面的自测试框架，开发者可根据测试需求开发相关测试用例，在开发阶段提前发现缺陷，大幅提高代码质量

6.2 移植启动恢复子系统

6.2.1 启动恢复子系统概述

启动恢复子系统负责在内核启动之后到应用启动之前的系统关键进程和服务的启动过程的功能。涉及以下组件，各组件目录结构如表 6-2 所示。

（1）Init 组件

Init 组件支持使用 LiteOS-A 和 Linux 内核的平台，负责处理从内核加载第一个用户态进程开始，到第一个应用程序启动之间的系统服务进程启动过程。启动恢复子系统除负责加载各系统关键进程之外，还需在启动的同时设置其对应权限，并在子进程启动后对指定进程实行保活（若进程意外退出要重新启动）。若核心进程意外退出，启动恢复子系统还要执行系统重启操作。

（2）appspawn 应用孵化器组件

该组件提供了 Lite 和 Standard 两个版本，Lite 版本支持使用 LiteOS-A 内核的平台，Standard 版本支持使用 Linux 内核的平台。负责接收应用程序框架的命令孵化应用进程，设置其对应权限，并调用应用程序框架的入口。

（3）bootstrap 启动引导组件

该组件支持使用 LiteOS-M 内核的平台，提供了各服务和功能的启动入口标识。在 SAMGR 启动时，会调用 bootstrap 标识的入口函数，并启动系统服务。

（4）syspara 系统参数组件

该组件负责提供获取与设置操作系统相关的系统属性，支持全量系统平台。支持的系统属性包括默认系统属性、OEM 厂商系统属性和自定义系统属性。OEM 厂商部分仅提供默认值，具体值需 OEM 产品方按需进行调整。

表 6-2 启动恢复源代码目录结构

名称	描述	适配平台
base/startup/appspawn_lite	应用孵化器组件，appspawn 进程，负责通过 IPC 机制接收 Ability Manager Service 消息，然后根据消息解析结果启动应用进程并赋予其对应权限	LiteOS-A 内核平台
base/startup/appspawn_standard	应用孵化器组件，appspawn 进程，负责通过 IPC 机制接收 Ability Manager Service 消息，然后根据消息解析结果启动应用进程并赋予其对应权限	Linux 内核平台
base/startup/bootstrap_lite	启动引导组件，启动系统核心服务外的其他服务	LiteOS-M 内核平台

续表

名称	描述	适配平台
base/startup/init	init 组件，init 进程，内核完成初始化后加载的第一个用户态进程，启动后解析 /etc/init.cfg 配置文件，并根据解析结果拉起其他系统关键进程，同时分别赋予其对应权限	LiteOS-A 内核平台以及 Linux 内核平台
base/startup/syspara_lite	系统属性组件。提供获取设备信息接口，如产品名、品牌名、品类名、厂家名等	全量平台

目录结构层级说明如下。

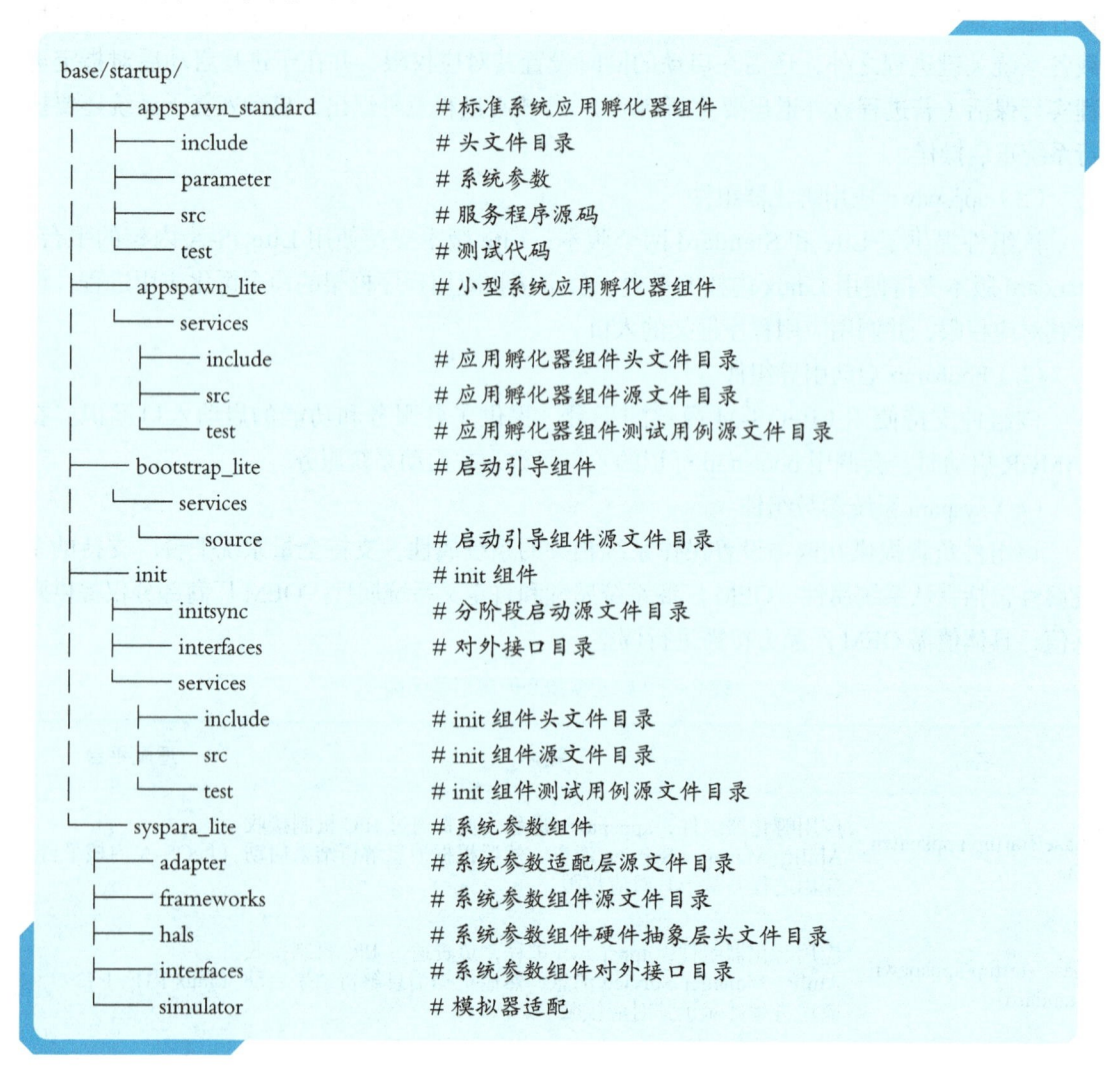

```
base/startup/
├── appspawn_standard          # 标准系统应用孵化器组件
│   ├── include                # 头文件目录
│   ├── parameter              # 系统参数
│   ├── src                    # 服务程序源码
│   └── test                   # 测试代码
├── appspawn_lite              # 小型系统应用孵化器组件
│   └── services
│       ├── include            # 应用孵化器组件头文件目录
│       ├── src                # 应用孵化器组件源文件目录
│       └── test               # 应用孵化器组件测试用例源文件目录
├── bootstrap_lite             # 启动引导组件
│   └── services
│       └── source             # 启动引导组件源文件目录
├── init                       # init 组件
│   ├── initsync               # 分阶段启动源文件目录
│   ├── interfaces             # 对外接口目录
│   └── services
│       ├── include            # init 组件头文件目录
│       ├── src                # init 组件源文件目录
│       └── test               # init 组件测试用例源文件目录
└── syspara_lite               # 系统参数组件
    ├── adapter                # 系统参数适配层源文件目录
    ├── frameworks             # 系统参数组件源文件目录
    ├── hals                   # 系统参数组件硬件抽象层头文件目录
    ├── interfaces             # 系统参数组件对外接口目录
    └── simulator              # 模拟器适配
```

6.2.2 移植指导

OpenHarmony 针对轻量系统主要提供了各服务和功能的启动入口标识。在 SAMGR 启动时，会调用 bootstrap 标识的入口函数，并启动系统服务。适配完成后，调用 OHOS_SystemInit（）接口，即可启动系统。路径为 base/startup/bootstrap_lite/services/source/system_init.c。代码如下。

```
void OHOS_SystemInit(void)
{
    MODULE_INIT(bsp);      # 执行 .zinitcall.bspX.init 段中的函数
    MODULE_INIT(device);   # 执行 .zinitcall.deviceX.init 段中的函数
    MODULE_INIT(core);     # 执行 .zinitcall.coreX.init 段中的函数
    SYS_INIT(service);     # 执行 .zinitcall.sys.serviceX.init 段中的函数
    SYS_INIT(feature);     # 执行 .zinitcall.sys.featureX.init 段中的函数
    MODULE_INIT(run);      # 执行 .zinitcall.runX.init 段中的函数
    SAMGR_Bootstrap();     # SAMGR 服务初始化
}
```

6.2.3 移植实例

（1）在"config.json"中添加启动子系统

路径为 vendor/MyVendorCompany/MyProduct/config.json，代码修改如下。

```
{
  "subsystem": "startup",
  "components": [
     { "component": "bootstrap_lite", "features":[] },
     { "component": "syspara_lite", "features":[] }
  ]
},
```

在 startup 子系统中有部分部件（如 syspara_lite 等），会依赖 "$ohos_product_adapter_dir/utils" 中的模块。其中 "ohos_product_adapter_dir" 就是在 config.json 文件中配置的 "product_adapter_dir"，我们通常将其配置为 "vendor/MyVendorCompany/MyProduct/hals"。

（2）添加 zinitcall 以及 run 定义

在厂商 ld 链接脚本的 .text 段中，添加如下代码。

```
__zinitcall_bsp_start = .;
KEEP (*(.zinitcall.bsp0.init))
```

```
            KEEP (*(.zinitcall.bsp1.init))
            KEEP (*(.zinitcall.bsp2.init))
            KEEP (*(.zinitcall.bsp3.init))
            KEEP (*(.zinitcall.bsp4.init))
            __zinitcall_bsp_end = .;
            __zinitcall_device_start = .;
            KEEP (*(.zinitcall.device0.init))
            KEEP (*(.zinitcall.device1.init))
            KEEP (*(.zinitcall.device2.init))
            KEEP (*(.zinitcall.device3.init))
            KEEP (*(.zinitcall.device4.init))
            __zinitcall_device_end = .;
            __zinitcall_core_start = .;
            KEEP (*(.zinitcall.core0.init))
            KEEP (*(.zinitcall.core1.init))
            KEEP (*(.zinitcall.core2.init))
            KEEP (*(.zinitcall.core3.init))
            KEEP (*(.zinitcall.core4.init))
            __zinitcall_core_end = .;
            __zinitcall_sys_service_start = .;
            KEEP (*(.zinitcall.sys.service0.init))
            KEEP (*(.zinitcall.sys.service1.init))
            KEEP (*(.zinitcall.sys.service2.init))
            KEEP (*(.zinitcall.sys.service3.init))
            KEEP (*(.zinitcall.sys.service4.init))
            __zinitcall_sys_service_end = .;
            __zinitcall_sys_feature_start = .;
            KEEP (*(.zinitcall.sys.feature0.init))
            KEEP (*(.zinitcall.sys.feature1.init))
            KEEP (*(.zinitcall.sys.feature2.init))
            KEEP (*(.zinitcall.sys.feature3.init))
            KEEP (*(.zinitcall.sys.feature4.init))
            __zinitcall_sys_feature_end = .;
            __zinitcall_run_start = .;
            KEEP (*(.zinitcall.run0.init))
            KEEP (*(.zinitcall.run1.init))
            KEEP (*(.zinitcall.run2.init))
            KEEP (*(.zinitcall.run3.init))
            KEEP (*(.zinitcall.run4.init))
            __zinitcall_run_end = .;
            __zinitcall_app_service_start = .;   # SAMGR 执行 .zinitcall.app.serviceX.init 段中的函数
            KEEP (*(.zinitcall.app.service0.init))
            KEEP (*(.zinitcall.app.service1.init))
```

```
    KEEP (*(.zinitcall.app.service2.init))
    KEEP (*(.zinitcall.app.service3.init))
    KEEP (*(.zinitcall.app.service4.init))
    __zinitcall_app_service_end = .;
    __zinitcall_app_feature_start = .; # SAMGR 执行 .zinitcall.app.featureX.init 段中的函数
    KEEP (*(.zinitcall.app.feature0.init))
    KEEP (*(.zinitcall.app.feature1.init))
    KEEP (*(.zinitcall.app.feature2.init))
    KEEP (*(.zinitcall.app.feature3.init))
    KEEP (*(.zinitcall.app.feature4.init))
    __zinitcall_app_feature_end = .;
    __zinitcall_test_start = .;
    KEEP (*(.zinitcall.test0.init))
    KEEP (*(.zinitcall.test1.init))
    KEEP (*(.zinitcall.test2.init))
    KEEP (*(.zinitcall.test3.init))
    KEEP (*(.zinitcall.test4.init))
    __zinitcall_test_end = .;
    __zinitcall_exit_start = .;
    KEEP (*(.zinitcall.exit0.init))
    KEEP (*(.zinitcall.exit1.init))
    KEEP (*(.zinitcall.exit2.init))
    KEEP (*(.zinitcall.exit3.init))
    KEEP (*(.zinitcall.exit4.init))
    __zinitcall_exit_end = .;
```

（3）芯片 SDK 创建任务

配置任务参数，系统启动后，启动任务，代码示例如下。

```
void mainTask(void) {
    # 厂商自定义功能
    OHOS_SystemInit();                    # 启动子系统初始化
    printf("MainTask running...\n");
}

void main(VOID) {
    # 硬件初始化，printf 输出重定向到 debug 串口等
    if (LOS_KernelInit() == 0) {          # ohos 内核初始化
        task_init_param.usTaskPrio = 10;  # 任务优先级
        task_init_param.pcName = "mainTask"; # 任务进程名
```

```
    task_init_param.pfnTaskEntry = (TSK_ENTRY_FUNC)mainTask;    # 任务入口函数
    task_init_param.uwStackSize = 8192;                         # 任务栈大小
    LOS_TaskCreate(&tid, &task_init_param);                     # 创建任务
    LOS_Start();                                                # 启动任务
}
else {
    printf("[BUG] LOS_KernelInit fail\n");
}
printf("[BUG] reach to unexpected code\n");
while (1);
}
```

6.3 移植文件子系统

utils 部件可被各业务子系统及上层应用使用,依赖芯片文件系统实现,需要芯片平台提供文件打开、关闭、读写、获取大小等功能。

6.3.1 移植指导

OpenHarmony 文件系统需要适配如表 6-3、表 6-4 所示的 hal 层接口。

表 6-3 文件打开或关闭

接口名	描述
HalFileOpen	文件打开或创建新文件
HalFileClose	文件关闭

表 6-4 文件操作

接口名	描述
HalFileRead	读文件
HalFileWrite	写文件
HalFileDelete	删除文件
HalFileStat	获取文件属性
HalFileSeek	文件查找

厂商适配相关接口的实现,请参考 OpenHarmony 中 file 接口和 hal 层适配接口的定义。

```
//utils/native/lite/file
├── BUILD.gn
└── src
    └── file_impl_hal
        └── file.c        #file 接口
```

其中 BUILD.gn 的内容如下。

```
import("//build/lite/config/component/lite_component.gni")

static_library("native_file") {
  sources = [
    "src/file_impl_hal/file.c",
  ]
  include_dirs = [
    "//utils/native/lite/include",
    "//utils/native/lite/hals/file",
  ]
  deps = ["$ohos_vendor_adapter_dir/hals/utils/file:hal_file_static"] # 依赖厂商的适配
}

lite_component("file") {
  features = [
    ":native_file",
  ]
}
```

可以看到厂商适配相关接口的存放目录应为 $ohos_vendor_adapter_dir/hals/utils/file，且该目录下 BUILD.gn 文件中的目标应为 hal_file_static。

通常厂商可以采用下面三种方式适配 hal 层接口。

①直接 flash 读写，模拟文件的操作。

②使用 littlefs 或者 fatfs 文件系统进行适配，littlefs 或者 fatfs 都是轻量级文件，系统适配简单，其中 OpenHarmony 的 //thirdparty 目录下已有 fatfs 可供参考。

③使用厂商已有的文件系统进行适配。

6.3.2 移植示例

（1）config.json 添加文件系统

路径为 vendor/MyVendorCompany/MyProduct/config.json，代码修改如下。

```
{
"subsystem": "utils",
"components": [
   { "component": "file", "features":[] }
  ]
},
```

(2)添加适配文件

在 vendor/MyVendorCompany/MyProduct/config.json 文件中,vendor_adapter_dir 配置项通常进行如下配置。在目录 vendor_adapter_dir：//device/MyDeviceCompany/MyBoard/adapter 下进行 UtilsFile 接口适配。

```
hals/utils/file
├── BUILD.gn
└── src
    └── hal_file.c
```

其中 BUILD.gn 内容如下。

```
import("//build/lite/config/component/lite_component.gni")
static_library("hal_file_static") {     # 目标名
 sources = [ "src/hal_file.c" ]        # 厂商适配的源文件
 include_dirs = [
   "//utils/native/lite/hals/file",
 ]
}
```

6.4 移植安全子系统

安全子系统提供网络设备连接、认证鉴权等功能,依赖 mbedtls 实现硬件随机数以及联网功能。由于每个厂商芯片硬件与实现硬件随机数的方式不同,因此需要适配硬件随机数接口。

6.4.1 移植指导

OpenHarmony 提供了 mbedtls 的开源第三方库,路径为 //third_party/mbedtls。此库中提

供了 mbedtls_platform_entropy_poll、mbedtls_hardclock_poll、mbedtls_havege_poll、mbedtls_hardware_poll 等几种产生随机数的方式。厂商需要根据芯片适配 mbedtls_hardware_poll 方式。

6.4.2 移植实例

（1）config.json 添加文件系统

路径为 vendor/MyVendorCompany/MyProduct/config.json，代码修改如下。

```
{
 "subsystem": "security",
 "components": [
   { "component": "hichainsdk", "features":[] },
   { "component": "huks", "features":[]}
 ]
},
```

（2）配置宏

打开硬件随机数接口相关代码。根据 mbedtls 的编译文件可以看出，配置宏的位置在 MBEDTLS_CONFIG_FILE=<···/port/config/config_liteos_m.h> 文件中。路径为 third_party/mbedtls/BUILD.gn，代码如下。

```
if (ohos_kernel_type == "liteos_m") {
 defines += [
   "__unix__",
   "MBEDTLS_CONFIG_FILE=<../port/config/config_liteos_m.h>",
 ]
}
```

根据代码可以看出需要配置 MBEDTLS_NO_PLATFORM_ENTROPY、MBEDTLS_ENTROPY_HARDWARE_ALT 两个宏，才能编译硬件随机数的相关代码。路径为 third_party/mbedtls/library/entropy.c，代码如下。

```
#if !defined(MBEDTLS_NO_DEFAULT_ENTROPY_SOURCES)
#if !defined(MBEDTLS_NO_PLATFORM_ENTROPY)
   mbedtls_entropy_add_source( ctx, mbedtls_platform_entropy_poll, NULL,
                MBEDTLS_ENTROPY_MIN_PLATFORM,
                MBEDTLS_ENTROPY_SOURCE_STRONG );
#endif
```

```
......
#if defined(MBEDTLS_ENTROPY_HARDWARE_ALT)
  mbedtls_entropy_add_source( ctx, mbedtls_hardware_poll, NULL,
                MBEDTLS_ENTROPY_MIN_HARDWARE,
                MBEDTLS_ENTROPY_SOURCE_STRONG );
#endif
......
#endif /* MBEDTLS_NO_DEFAULT_ENTROPY_SOURCES */
}
```

（3）适配硬件随机数接口

路径为 third_party/mbedtls/include/mbedtls/entropy_poll.h，接口定义如下：

```
int mbedtls_hardware_poll( void *data,unsigned char *output, size_t len, size_t *olen );
```

（4）添加安全子系统

可直接通过配置 features 来选择安全子系统特性，安全子系统配置项如表 6-5 所示。

```
{
 "subsystem": "security",
 "components": [
   { "component": "hichainsdk", "features":[] },
   { "component": "huks", "features":
    [
      "disable_huks_binary = false",
      "disable_authenticate = false"
    ]
   }
  ]
},
```

表 6-5　安全子系统配置项

配置项	意义
disable_huks_binary	是否编译 HUKS 源码 ①默认值：false，不编译 HUKS 源码 ②其他值：true，编译 HUKS 源码
disable_authenticate	是否需要裁剪 hichain 认证功能 ①默认值：true，不裁剪 ②其他值：false，裁剪 hichain 认证功能

续表

配置项	意义
huks_use_lite_storage	是否采用轻量化存储方案。无文件系统、仅有 flash 存储的设备，可采用轻量化存储方案 ① 默认值：true，使用轻量化存储 ② 其他值：false，不使用轻量化存储
huks_use_hardware_root_key	是否使用硬件根密钥。设备存在硬件根密钥能力时，需要根据自身能力适配硬件根密钥方案；HUKS 提供的 RKC 方案仅为模拟实现 ① 默认值：false，默认值，默认无硬件根密钥 ② 其他值：true，设备具有硬件根密钥相关能力时，应自行适配
huks_config_file	是否使用 HUKS 默认配置文件。 ① 默认值：使用 HUKS 默认配置文件 hks_config.h ② 其他文件：产品可在 HUKS 支持能力集合中自行选择所要支持的特性

6.5 移植通信子系统

通信子系统目前涉及 Wi-Fi 和蓝牙适配，厂商应当根据芯片自身情况进行适配。

6.5.1 移植指导

路径为 foundation/communication/wifi_lite/BUILD.gn，Wi-Fi 编译文件内容如下：

```
group("wifi") {
  deps = [ "$ohos_board_adapter_dir/hals/communication/wifi_lite/wifiservice:wifiservice" ]
}
```

从代码中可以看到厂商适配相关接口的 .c 文件存放目录应为 $ohos_board_adapter_dir/hals/communication/wifi_lite/wifiservice，且该目录下 BUILD.gn 文件中的目标应为 wifiservice。需要厂商适配的 Wi-Fi 接口如表 6-6、表 6-7 和表 6-8 所示，蓝牙接口如表 6-9 和表 6-10 所示。

表 6-6　wifi_device.h

接口	作用
EnableWifi	启用 Wi-Fi sta 模式
DisableWifi	禁用 Wi-Fi sta 模式
IsWifiActive	检查 Wi-Fi sta 模式是否启用
Scan	扫描热点信息
GetScanInfoList	获取所有扫描到的热点列表

续表

接口	作用
AddDeviceConfig	配置连接到的热点信息
GetDeviceConfigs	获取配置连接到的热点信息
RemoveDevice	删除指定的热点配置信息
ConnectTo	连接到指定的热点
Disconnect	断开 Wi-Fi 连接
GetLinkedInfo	获取热点连接信息
RegisterWifiEvent	为指定的 Wi-Fi 事件注册回调
UnRegisterWifiEvent	取消注册以前为指定 Wi-Fi 事件注册的回调
GetDeviceMacAddress	获取设备的 MAC 地址
AdvanceScan	根据指定参数启动 Wi-Fi 扫描

表 6-7　wifi_hotspot_config.h

接口	作用
SetBand	设置该热点的频段
GetBand	获取该热点的频段

表 6-8　wifi_hotspot.h

接口	作用
EnableHotspot	启用 Ap 热点模式
DisableHotspot	禁用 Ap 热点模式
SetHotspotConfig	设置指定的热点配置
GetHotspotConfig	获取指定的热点配置
IsHotspotActive	检查 Ap 热点模式是否启用
GetStationList	获取连接到此热点的一系列 STA
GetSignalLevel	获取指定接收信号强度指示器（RSSI）和频带指示的信号电平
DisassociateSta	使用指定的 MAC 地址断开与 STA 的连接
AddTxPowerInfo	将 hotspot 功率发送到 beacon

表 6-9 ohos_bt_gatt.h

接口	作用
InitBtStack	初始化蓝牙协议栈
EnableBtStack	使能蓝牙协议栈
DisableBtStack	禁用蓝牙协议栈
SetDeviceName	设置蓝牙设备名称
BleSetAdvData	设置广播数据
BleStartAdv	开始广播
BleStartAdvEx	传入构建好的广播数据，开启蓝牙广播
BleStopAdv	停止发送广播
BleUpdateAdv	更新 advertising 参数
BleSetSecurityIoCap	设置蓝牙的 IO 能力为 NONE，配对方式为 justworks
BleSetSecurityAuthReq	设置蓝牙是否需要配对绑定
BleGattSecurityRsp	响应安全连接请求
ReadBtMacAddr	获取设备 MAC 地址
BleSetScanParameters	设置扫描参数
BleStartScan	开始扫描
BleStopScan	停止扫描
BleGattRegisterCallbacks	注册 GATT 回调函数

表 6-10 ohos_bt_gatt_server.h

接口	作用
BleGattsRegister	使用指定的应用程序 UUID 注册 GATT 服务器
BleGattsUnRegister	使用指定的 ID 注销 GATT 服务器
BleGattsDisconnect	断开 GATT 服务器与客户端的连接
BleGattsAddService	添加了一个服务
BleGattsAddIncludedService	将包含的服务添加到指定的服务
BleGattsAddCharacteristic	向指定的服务添加特征
BleGattsAddDescriptor	将描述符添加到指定的特征

续表

接口	作用
BleGattsStartService	启动一个服务
BleGattsStopService	停止服务
BleGattsDeleteService	删除一个服务
BleGattsClearServices	清除所有服务
BleGattsSendResponse	向接收到读取或写入请求的客户端发送响应
BleGattsSendIndication	设备侧向 App 发送蓝牙数据
BleGattsSetEncryption	设置 GATT 连接的加密类型
BleGattsRegisterCallbacks	注册 GATT 服务器回调
BleGattsStartServiceEx	根据传入的服务列表，创建 GATT 服务
BleGattsStopServiceEx	传入 GATT 服务句柄，停止 GATT 服务

说明：不同版本接口可能存在差异，需要根据当前版本的具体文件进行适配。

6.5.2 适配实例

（1）添加 communication 子系统

在 config.json 中添加 communication 子系统。路径为 vendor/MyVendorCompany/MyProduct/config.json。代码修改如下。

```
{
  "subsystem": "communication",
  "components": [
    { "component": "wifi_lite", "features":[] }
  ]
},
```

（2）添加适配文件

在 vendor/MyVendorCompany/MyProduct/config.json 文件中，通常将配置 ohos_board_adapter_dir 配置为 //vendor/MyVendorCompany/MyProduct/adapter。

在 ohos_board_adapter_dir 目录下根据上述适配指导中提到的头文件，适配 Wi-Fi、蓝牙接口。

6.6 移植外设驱动子系统

外设驱动子系统提供 OpenHarmony 专有的外部设备操作接口。本模块提供的设备操作接口有 FLASH、GPIO、I2C、PWM、UART、WATCHDOG 等。

OpenHarmony 提供了两种驱动适配方式：使用 IoT 驱动子系统、使用 HDF 驱动框架。由于轻量级系统的资源有限，此处建议使用 IoT 驱动子系统方式。

6.6.1 移植指导

厂商需要根据 OpenHarmony 提供的接口定义实现其功能，IoT 驱动子系统接口定义的头文件如下。

```
base/iot_hardware/peripheral/
├── BUILD.gn
└── interfaces
    └── kits
        ├── iot_errno.h
        ├── iot_flash.h
        ├── iot_gpio.h
        ├── iot_i2c.h
        ├── iot_pwm.h
        ├── iot_uart.h
        ├── iot_watchdog.h
        ├── lowpower.h
        └── reset.h
```

其中 base/iot_hardware/peripheral/BUILD.gn 文件如下。

```
import("//build/lite/config/subsystem/lite_subsystem.gni")
import("//build/lite/ndk/ndk.gni")

lite_subsystem("iothardware") {
  subsystem_components = [
    "$ohos_vendor_adapter_dir/hals/iot_hardware/wifiiot_lite:hal_iothardware",
  ]
}
if (ohos_kernel_type == "liteos_m") {
  ndk_lib("iothardware_ndk") {
    deps = [
```

```
    "$ohos_vendor_adapter_dir/hals/iot_hardware/wifiiot_lite:hal_iothardware", # 依赖厂商的适配
  ]
  head_files = [ "//base/iot_hardware/peripheral/interfaces/kits" ]
  }
}
```

从中可以看到厂商适配相关接口的存放目录应为 ohos_vendor_adapter_dir/hals/iot_hardware/wifiiot_lite，且该目录下 BUILD.gn 文件中的目标应为 hal_iothardware。

6.6.2 移植实例

（1）在"config.json"中添加 iot_hardware 子系统

路径为 vendor/MyVendorCompany/MyProduct/config.json，代码修改如下。

```
{
  "subsystem": "iot_hardware",
  "components": [
      { "component": "iot_controller", "features":[] }
  ]
},
```

（2）添加适配文件

在 vendor/MyVendorCompany/MyProduct/config.json 文件中，通常将配置 vendor_adapter_dir 配置为 //device/MyDeviceCompany/MyBoard/adapter。在 vendor_adapter_dir 目录下进行适配。代码如下。

```
hals/iot_hardware/wifiiot_lite
├── BUILD.gn
├── iot_flash.c
├── iot_gpio.c
├── iot_i2c.c
├── iot_lowpower.c
├── iot_pwm.c
├── iot_reset.c
├── iot_uart.c
└── iot_watchdog.c
```

其中 BUILD.gn 内容如下。

```
static_library("hal_iothardware") {      # 目标名
    sources = [                          # 厂商适配的源文件
      "iot_watchdog.c",
      "iot_reset.c",
      "iot_flash.c",
      "iot_i2c.c",
      "iot_gpio.c",
      "iot_pwm.c",
      "iot_uart.c"
    ]
    include_dirs = [ ]
}
```

其中，include_dirs 需要根据工程实际情况包含以下两个路径：
① IoT 子系统的头文件路径；
② 适配 IoT 子系统所使用的 SDK 的头文件路径。

6.7 移植验证

OpenHarmony 芯片移植完成后，需要开展 OpenHarmony 兼容性测试以及芯片 SDK 功能性测试。除可获得测试认证之外，还可以在开发阶段提前发现缺陷，大幅提高代码质量。

6.7.1 OpenHarmony 兼容性测试

OpenHarmony 兼容性测试是 XTS（OpenHarmony 生态认证测试套件）之一。

（1）添加 test 子系统以及 xts_acts 部件

在"vendor/xxx/xxx/config.json"文件中，添加如下代码。

```
{
"subsystem": "test",
"components": [
  { "component": "xts_acts", "features":[] },
  { "component": "xts_tools", "features":[] }
 ]
}
```

（2）链接 XTS 生成的 .a 库

在链接选项中，需要链接生成于 out/MyBoard/MyProduct/libs 目录下的 XTS 的 .a 库，

其库的名称格式为 libmodule_ActsXxxTest.a，链接方式为 -lmodule_ActsXxxTest，示例代码如下。

```
"-Wl,--whole-archive",
……
"-lhctest",
"-lbootstrap",
"-lbroadcast",
"-lmodule_ActsBootstrapTest",
"-lmodule_ActsCMSISTest",
"-lmodule_ActsDfxFuncTest",
"-lmodule_ActsParameterTest",
"-lmodule_ActsSamgrTest",
"-lmodule_ActsSecurityDataTest",
……
"-Wl,--no-whole-archive",
```

（3）根据测试报告调整代码

将编译生成的文件烧录到开发板上，使用串口工具查看 XTS 测试报告。如果出现 failed 的测试项，则需要修改代码。定位问题时，可在 test/xts/acts/build_lite/BUILD.gn 中，将不需要的测试项注释，以便调试。

```
if (ohos_kernel_type == "liteos_m") {
  all_features += [
    "//test/xts/acts/communication_lite/lwip_hal:ActsLwipTest",
    "//test/xts/acts/communication_lite/softbus_hal:ActsSoftBusTest",
    "//test/xts/acts/communication_lite/wifiservice_hal:ActsWifiServiceTest",
    "//test/xts/acts/utils_lite/file_hal:ActsUtilsFileTest",
    "//test/xts/acts/startup_lite/syspara_hal:ActsParameterTest",
    "//test/xts/acts/iot_hardware_lite/iot_controller_hal:ActsWifiIotTest",
    "//test/xts/acts/kernel_lite/kernelcmsis_hal:ActsCMSISTest",
    "//test/xts/acts/utils_lite/kv_store_hal:ActsKvStoreTest",
    "//test/xts/acts/security_lite/datahuks_hal:ActsSecurityDataTest",
    "//test/xts/acts/hiviewdfx_lite/hilog_hal:ActsDfxFuncTest",
    "//test/xts/acts/distributed_schedule_lite/samgr_hal:ActsSamgrTest",
    "//test/xts/acts/update_lite/updater_hal:ActsUpdaterFuncTest",
    "//test/xts/acts/startup_lite/bootstrap_hal:ActsBootstrapTest",
  ]
}
```

注意：

① xts 会在 OHOS_SystemInit（）调用之后，自行运行测试。

② 需要在 -Wl，-whole-archive 和 -Wl，-no-whole-archive 中间添加，否则链接会失败。进行 XTS 测试时，必须链接以下静态库。

```
"-lhctest",
"-lbootstrap",
"-lbroadcast",
```

6.8 基于 Niobe 407 开发板进行子系统适配

OpenHarmony 子系统适配一般包含以下两部分。

① 在 config.json 中增加对应子系统和部件，这样一来，编译系统会将该部件纳入编译目标中。

② 针对该部件的 HAL 层接口进行硬件适配，或者可选的软件功能适配。

6.8.1 启动恢复子系统适配

启动恢复子系统适配 bootstrap_lite 和 syspara_lite 两个组件，需在 //vendor/talkweb/niobe407/config.json 中新增对应的配置选项。代码如下。

```
{
    "subsystem": "startup",
    "components": [
      {
        "component": "bootstrap_lite",
        "features": []
      },
      {
        "component": "syspara_lite",
        "features": []
      }
    ]
}
```

适配 bootstrap_lite 部件时，需要在链接文件 //device/board/talkweb/niobe407/liteos_m/STM32F407IGTx_FLASH.ld 中手动新增如下代码。

```
__zinitcall_bsp_start = .;
KEEP (*(.zinitcall.bsp0.init))
KEEP (*(.zinitcall.bsp1.init))
KEEP (*(.zinitcall.bsp2.init))
KEEP (*(.zinitcall.bsp3.init))
KEEP (*(.zinitcall.bsp4.init))
__zinitcall_bsp_end = .;
__zinitcall_device_start = .;
KEEP (*(.zinitcall.device0.init))
KEEP (*(.zinitcall.device1.init))
KEEP (*(.zinitcall.device2.init))
KEEP (*(.zinitcall.device3.init))
KEEP (*(.zinitcall.device4.init))
__zinitcall_device_end = .;
__zinitcall_core_start = .;
KEEP (*(.zinitcall.core0.init))
KEEP (*(.zinitcall.core1.init))
KEEP (*(.zinitcall.core2.init))
KEEP (*(.zinitcall.core3.init))
KEEP (*(.zinitcall.core4.init))
__zinitcall_core_end = .;
__zinitcall_sys_service_start = .;
KEEP (*(.zinitcall.sys.service0.init))
KEEP (*(.zinitcall.sys.service1.init))
KEEP (*(.zinitcall.sys.service2.init))
KEEP (*(.zinitcall.sys.service3.init))
KEEP (*(.zinitcall.sys.service4.init))
__zinitcall_sys_service_end = .;
__zinitcall_sys_feature_start = .;
KEEP (*(.zinitcall.sys.feature0.init))
KEEP (*(.zinitcall.sys.feature1.init))
KEEP (*(.zinitcall.sys.feature2.init))
KEEP (*(.zinitcall.sys.feature3.init))
KEEP (*(.zinitcall.sys.feature4.init))
__zinitcall_sys_feature_end = .;
__zinitcall_run_start = .;
KEEP (*(.zinitcall.run0.init))
KEEP (*(.zinitcall.run1.init))
KEEP (*(.zinitcall.run2.init))
KEEP (*(.zinitcall.run3.init))
KEEP (*(.zinitcall.run4.init))
__zinitcall_run_end = .;
```

```
__zinitcall_app_service_start = .;
KEEP (*(.zinitcall.app.service0.init))
KEEP (*(.zinitcall.app.service1.init))
KEEP (*(.zinitcall.app.service2.init))
KEEP (*(.zinitcall.app.service3.init))
KEEP (*(.zinitcall.app.service4.init))
__zinitcall_app_service_end = .;
__zinitcall_app_feature_start = .;
KEEP (*(.zinitcall.app.feature0.init))
KEEP (*(.zinitcall.app.feature1.init))
KEEP (*(.zinitcall.app.feature2.init))
KEEP (*(.zinitcall.app.feature3.init))
KEEP (*(.zinitcall.app.feature4.init))
__zinitcall_app_feature_end = .;
__zinitcall_test_start = .;
KEEP (*(.zinitcall.test0.init))
KEEP (*(.zinitcall.test1.init))
KEEP (*(.zinitcall.test2.init))
KEEP (*(.zinitcall.test3.init))
KEEP (*(.zinitcall.test4.init))
__zinitcall_test_end = .;
__zinitcall_exit_start = .;
KEEP (*(.zinitcall.exit0.init))
KEEP (*(.zinitcall.exit1.init))
KEEP (*(.zinitcall.exit2.init))
KEEP (*(.zinitcall.exit3.init))
KEEP (*(.zinitcall.exit4.init))
__zinitcall_exit_end = .;
```

新增上述段的原因是 bootstrap_init 提供的对外接口（//utils/native/lite/include/ohos_init.h），采用的是灌段的形式，最终会保存到上述链接段中。主要的服务自动初始化宏如表 6-11 所示。

表 6-11 主要的服务自动初始化宏

接口名	描述
SYS_SERVICE_INIT(func)	标识核心系统服务的初始化启动入口
SYS_FEATURE_INIT(func)	标识核心系统功能的初始化启动入口
APP_SERVICE_INIT(func)	标识应用层服务的初始化启动入口
APP_FEATURE_INIT(func)	标识应用层功能的初始化启动入口

通过上面加载的组件编译出来的 lib 文件需要手动加入强制链接。例如，在 //vendor/talkweb/niobe407/config.json 中配置 bootstrap_lite 部件，代码如下。

```
{
  "subsystem": "startup",
  "components": [
  {
    "component": "bootstrap_lite"
  },
  ...
  ]
},
```

bootstrap_lite 部件会编译 //base/startup/bootstrap_lite/services/source/bootstrap_service.c，该文件中，通过 SYS_SERVICE_INIT 将 Init 函数符号灌段到 __zinitcall_sys_service_start 和 __zinitcall_sys_service_end 中，由于 Init 函数是没有显式调用的，所以需要将它强制链接到最终的镜像。代码如下。

```
static void Init(void)
{
  static Bootstrap bootstrap;
  bootstrap.GetName = GetName;
  bootstrap.Initialize = Initialize;
  bootstrap.MessageHandle = MessageHandle;
  bootstrap.GetTaskConfig = GetTaskConfig;
  bootstrap.flag = FALSE;
  SAMGR_GetInstance()->RegisterService((Service *)&bootstrap);
}
SYS_SERVICE_INIT(Init);          # 通过 SYS 启动即 SYS_INIT 启动就需要强制链接生成的 lib
```

在 //base/startup/bootstrap_lite/services/source/BUILD.gn 文件中，描述了在 //out/niobe407/niobe407/libs 生成 libbootstrap.a，代码如下。

```
static_library("bootstrap") {
  sources = [
    "bootstrap_service.c",
    "system_init.c",
  ]
  ……
```

适配 syspara_lite 部件时，系统参数会最终写到文件中进行持久化保存。在轻量系统中，文件操作相关接口有 POSIX 接口与 HalFiles 接口两种。因为对接内核的文件系统采用 POSIX 相关的接口，所以 features 字段中需要增加 enable_ohos_startup_syspara_lite_use_posix_file_api = true。如果对接 HalFiles 相关的接口实现，则无须修改。

6.8.2 DFX 子系统适配

进行 DFX 子系统适配需要添加 hilog_lite 和 hievent_lite 部件，直接在 config.json 文件中配置即可，代码如下。

```json
{
  "subsystem": "hiviewdfx",
  "components": [
    {
      "component": "hilog_lite",
      "features": []
    },
    {
      "component": "hievent_lite",
      "features": []
    }
  ]
}
```

配置完成之后，需要注册日志输出实现函数，并加入编译，代码如下。

```
bool HilogProc_Impl(const HiLogContent *hilogContent, uint32_t len)
{
    char tempOutStr[LOG_FMT_MAX_LEN];
    tempOutStr[0] = 0,tempOutStr[1] = 0;
    if (LogContentFmt(tempOutStr, sizeof(tempOutStr), hilogContent) > 0) {
        printf(tempOutStr);
    }
    return true;
}

HiviewRegisterHilogProc(HilogProc_Impl);
```

6.8.3 系统服务管理子系统适配

进行系统服务管理子系统适配需要添加 samgr_lite 部件，直接在 config.json 中配置即可，代码如下。

```json
{
    "subsystem": "systemabilitymgr",
    "components": [
      {
        "component": "samgr_lite",
        "features": []
      }
    ]
}
```

在轻量系统中，samgr_lite 配置的共享任务栈大小默认为 2048。在适配时可以在 features 中通过 config_ohos_systemabilitymgr_samgr_lite_shared_task_size 重新设置共享任务栈大小，代码如下。

```
"config_ohos_systemabilitymgr_samgr_lite_shared_task_size = 4096"
```

6.8.4 安全子系统适配

进行安全子系统适配需要添加 huks 组件，直接在 config.json 中配置即可。

```json
{
    "subsystem": "security",
    "components": [
      {
        "component": "huks",
        "features": [
          "huks_use_lite_storage = true",
          "huks_use_hardware_root_key = true",
          "huks_config_file = \"hks_config_lite.h\"",
          "huks_key_store_path = \"storage\""
        ]
      }
    ]
}
```

进行 huks 部件适配时，huks_key_store_path 配置选项用于指定存放秘钥路径，huks_config_file 为配置头文件名称。

6.8.5 公共基础库子系统适配

公共基础库子系统适配添加了 kv_store、file、os_dump 组件，直接在 config.json 中配置即可。代码如下。

```
{
  "subsystem": "utils",
  "components": [
    {
      "component": "file",
      "features": []
    },
    {
      "component": "kv_store",
      "features": [
        "enable_ohos_utils_native_lite_kv_store_use_posix_kv_api = false"
      ]
    },
    {
      "component": "os_dump",
      "features": []
    }
  ]
},
```

与适配 syspara_lite 部件类似，适配 kv_store 部件时，键值对会被写到文件中。在轻量系统中，文件操作相关接口有 POSIX 接口与 HalFiles 接口这两种。因为对接内核的文件系统，采用 POSIX 相关的接口，所以 features 需要增加。代码如下。

```
enable_ohos_utils_native_lite_kv_store_use_posix_kv_api = true。
```

如果对接 HalFiles 相关的接口实现，则无须修改。

6.8.6 HDF 子系统适配

与启动恢复子系统适配类似，需要在链接文件 //device/board/talkweb/niobe407/liteos_m/STM32F407IGTx_FLASH.ld 中手动新增如下段。

```
_hdf_drivers_start = .;
KEEP(*(.hdf.driver))
_hdf_drivers_end = .;
```

然后，在 kernel 初始化完成后调用 DeviceManagerStart 函数，执行完成后，才能调用 HDF 接口控制外设。

```
#include "devmgr_service_start.h"    # 注意需要包含该头文件

#ifdef LOSCFG_DRIVERS_HDF
  DeviceManagerStart();
#endif
```

devmgr_service_start.h 头文件所在路径为 //drivers/framework/core/common/include/manager，为保证编译时能找到该头文件，需要将其加入 include_dirs 中。

6.8.7　XTS 兼容性测评子系统适配

进行 XTS 子系统适配需要添加 xts_acts 与 xts_tools 组件，直接在 config.json 中配置即可，配置代码如下。

```
{
    "subsystem": "xts",
    "components": [
      {
        "component": "xts_acts",
        "features": []
      },
      {
        "component": "xts_tools",
        "features": []
      }
    ]
}
```

可以在 xts_acts 组件的 features 数组中指定如下属性。

① config_ohos_xts_acts_utils_lite_kv_store_data_path 配置挂载文件系统根目录的名字。

② enable_ohos_test_xts_acts_use_thirdparty_lwip 表示如果使用 thirdparty/lwip 目录下的源

码编译，则设置为 true，否则设置为 false。

（1）编译 XTS

在配置 config.json 后，使用 hb build 是不会编译 XTS 的，只有在 debug 版本编译时才会参与编译，并且会强制链接需要进行测试的套件静态库。在 //device/board/talkweb/liteos_m 下包含 kernel_module 的 BUILD.gn 脚本中添加如下内容。

```
config("public") {
if (build_xts) {
    lib_dirs = [ "$root_out_dir/libs" ]
    ldflags += [
    "-Wl,--whole-archive",          # 开启 whole-archive 特性，可以把在其后面出现的静态库
                                    # 包含的函数和变量输出到动态库

    "-lbootstrap",
    "-lbroadcast",
    "-lhctest",

    # 公共基础库
    # "-lmodule_ActsUtilsFileTest",
    # "-lmodule_ActsKvStoreTest",

    #DFX
    "-lmodule_ActsDfxFuncTest",
    "-lmodule_ActsHieventLiteTest",

    # 启动恢复
    # "-lmodule_ActsBootstrapTest",
    # "-lmodule_ActsParameterTest",

    # 分布式任务调度
    # "-lmodule_ActsSamgrTest",

    "-Wl,--no-whole-archive",  # 关掉 whole-archive 这个特性
    ]
}
}
```

由于 Niobe 407 开发板内存有限，XTS 测试时需要分套件测试。执行如下编译命令，即可生成包含 XTS 测试的固件。

```
hb build -f -b debug --gn-args build_xts = true
```

此外，还需要修改 //vendor/talkweb/niobe407/hals/utils/sys_param/hal_sys_param.c 文件，将这些字符串定义正确。代码如下。

```
static const char OHOS_DEVICE_TYPE[] = {"Evaluation Board"};
static const char OHOS_DISPLAY_VERSION[] = {"OpenHarmony 3.1"};
static const char OHOS_MANUFACTURE[] = {"Talkweb"};
static const char OHOS_BRAND[] = {"Talkweb"};
static const char OHOS_MARKET_NAME[] = {"Niobe"};
static const char OHOS_PRODUCT_SERIES[] = {"Niobe"};
static const char OHOS_PRODUCT_MODEL[] = {"Niobe407"};
static const char OHOS_SOFTWARE_MODEL[] = {"1.0.0"};
static const char OHOS_HARDWARE_MODEL[] = {"2.0.0"};
static const char OHOS_HARDWARE_PROFILE[] = {"RAM:192K,ROM:1M,ETH:true"};
static const char OHOS_BOOTLOADER_VERSION[] = {"twboot-v2022.03"};
static const char OHOS_ABI_LIST[] = {"armm4_hard_fpv4-sp-d16-liteos"};
static const char OHOS_SERIAL[] = {"1234567890"}; # provided by OEM.
```

（2）验证 XTS

编译完成后，将固件烧录至开发板，XTS 全部跑完会显示"xx Tests xx Failures xx Ignored"等信息，以下代码为公共基础库测试示例。

```
../../../test/xts/acts/utils_lite/kv_store_hal/src/kvstore_func_test.c:590:testKvStoreClearCache002:PASS
../../../test/xts/acts/utils_lite/kv_store_hal/src/kvstore_func_test.c:625:testKvStoreCacheSize001:PASS
../../../test/xts/acts/utils_lite/kv_store_hal/src/kvstore_func_test.c:653:testKvStoreCacheSize002:PASS
../../../test/xts/acts/utils_lite/kv_store_hal/src/kvstore_func_test.c:681:testKvStoreCacheSize003:PASS
../../../test/xts/acts/utils_lite/kv_store_hal/src/kvstore_func_test.c:709:testKvStoreMaxSize001:PASS
../../../test/xts/acts/utils_lite/kv_store_hal/src/kvstore_func_test.c:737:testKvStoreMaxSize002:PASS
../../../test/xts/acts/utils_lite/kv_store_hal/src/kvstore_func_test.c:765:testKvStoreMaxSize003:PASS
../../../test/xts/acts/utils_lite/kv_store_hal/src/kvstore_func_test.c:793:testKvStoreMaxSize004:PASS
+--------------------------------------------+

-----------------------
32 Tests 0 Failures 0 Ignored
OK
All the test suites finished!
```

第 7 章
标准系统内核移植

本章介绍基于 RK3568 芯片的开发板如何进行 OpenHarmony 标准系统案例开发、源码编译、镜像烧录、运行调试的过程,让读者对 OpenHarmony 标准系统已适配的硬件设备有了一个直观的认识。在这个基础上详细介绍 OpenHarmony 标准系统进行富设备适配的六个阶段,以及 RK3568 开发板进行标准系统内核移植和系统启动的过程原理。

7.1 标准系统入门概述

OpenHarmony 3.1 Release 版本首次支持复杂标准带屏设备以及复杂 UI 类应用开发，在内核层、系统服务层、框架层以及开发资源和工具链方面，实现基础能力再升级，标志着 OpenHarmony 迈向新的阶段。

OpenHarmony 标准系统适用于参考内存不小于 128 MB 的设备。本章将基于 RK3568 开发板进行讲解，开发者可以快速熟悉 OpenHarmony 标准系统的环境搭建，编译、烧录源代码以及运行"Hello World"示例。

7.2 RK3568 开发板介绍

7.2.1 开发板简述

RK3568 开发板基于 Rockchip RK3568 芯片，集成双核心架构 GPU 以及高效能 NPU；搭载四核 64 位 Cortex-A55 处理器，采用 22 nm 先进工艺，主频高达 2.0 GHz；支持蓝牙、Wi-Fi、音频、视频和摄像头等功能，拥有丰富的扩展接口，支持多种视频输入/输出接口；配置双千兆自适应 RJ45 以太网口，可满足 NVR、工业网关等多网口产品需求，如图 7-1、图 7-2 所示。开发板规格如表 7-1 所示。

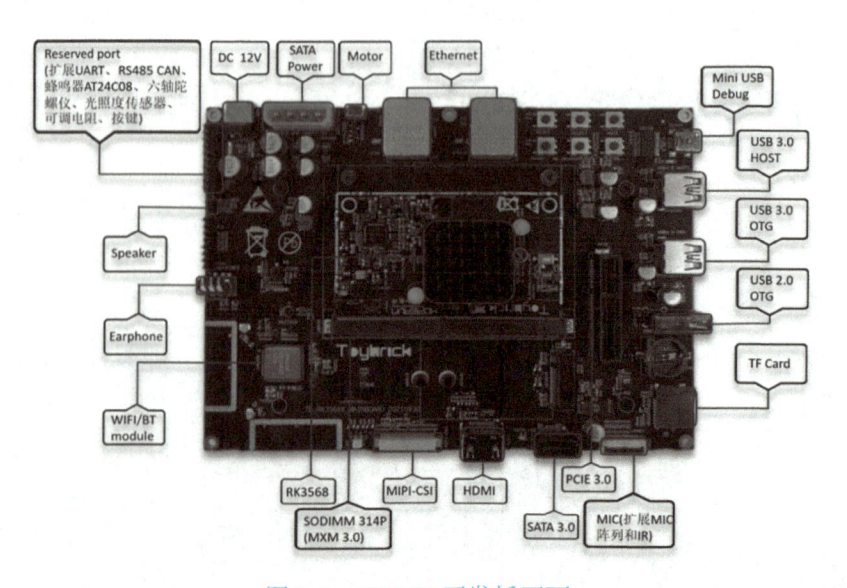

图 7-1　RK3568 开发板正面

图 7-2　RK3568 开发板背面

7.2.2 开发板规格

RK3568 开发板规格说明如表 7-1 所示。

表 7-1　RK3568 开发板规格说明

规格类型	规格清单
显示接口	① 1×HDMI2.0（Type-A）接口，支持 4K 分辨率、60 帧 /s 输出 ② 2×MIPI 接口，支持 1080 p 分辨率、60 帧 /s 输出 ③ 1×eDP 接口，支持 2K 分辨率、60 帧 /s 输出
音频接口	① 1×8ch, I2S/TDM/PDM ② 1×HDMI 音频输出 ③ 1×喇叭输出 ④ 1×耳机输出 ⑤ 1×麦克风，板载音频输入
以太网	2×GMAC（10/100/1000 MB）
无线网络	SDIO 接口，支持 Wi-Fi6、5G/2.5G、BT4.2
摄像头接口	MIPI-CSI2，1×4-lane，2×2-lane.2.5 GB/s
USB	① 2×USB2.0，Host，Type-A ② 1×USB3.0，Host，Type-A ③ 1×USB3.0，OTG
PCIe	1×2Lanes，PCIe3.0，Connector，RCMode
SATA	1×SATA3.0 Connector
SDMMC	1×Micro SD Card3.0
按键	① 1×Vol+/Recovery ② 1×Reset ③ 1×Power ④ 1×Vol- ⑤ 1×Mute
调试	1×调试串口

续表

规格类型	规格清单
RTC	1 × RTC
IR	1 × IR
三色灯	3 × LED
G-sensor	1 × G-sensor
FAN	1 × Fan
扩展接口	20Pin 扩展接口包括： ① 2 × ADC 接口 ② 2 × I2C 接口 ③ 7 × GPIO 接口（或者 3 × GPIO+4 × UART 信号） ④ 3 × VCC 电源（12 V、3.3 V、5 V）
底板尺寸	180 mm × 130 mm
PCB 规格	4 层板

7.3 入门案例

下面将介绍如何在单板上运行一个应用程序，其中包括新建应用程序、编译、烧录、运行等步骤，最终输出"Hello World！"。

7.3.1 示例目录

示例完整目录如下。

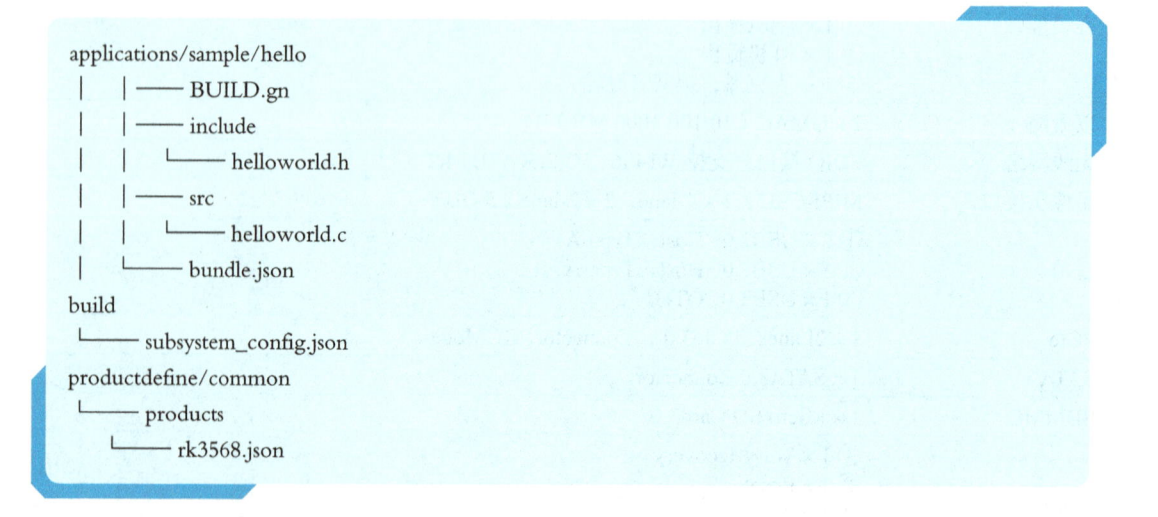

```
applications/sample/hello
│   ├── BUILD.gn
│   ├── include
│   │   └── helloworld.h
│   ├── src
│   │   └── helloworld.c
│   └── bundle.json
build
    └── subsystem_config.json
productdefine/common
    └── products
        └── rk3568.json
```

7.3.2 开发步骤

（1）创建目录，编写业务代码

新建 applications/sample/hello/src/helloworld.c 目录及文件，代码如下所示。用户可以自定义修改打印内容，其中 helloworld.h 包含字符串打印函数 HelloPrint 的声明。当前应用程序可支持标准 C 及 C++ 的代码开发。

```c
#include <stdio.h>
#include "helloworld.h"

int main(int argc, char **argv)
{
    HelloPrint();
    return 0;
}

void HelloPrint()
{
    printf("\n\n");
    printf("\n\t\tHello World!\n");
    printf("\n\n");
}
```

再添加头文件 applications/sample/hello/include/helloworld.h，代码如下所示。

```c
#ifndef HELLOWORLD_H
#define HELLOWORLD_H

#ifdef __cplusplus
#if __cplusplus
extern "C" {
#endif
#endif

void HelloPrint();

#ifdef __cplusplus
#if __cplusplus
}
#endif
#endif
#endif # HELLOWORLD_H
```

（2）新建编译组织文件

新建 applications/sample/hello/BUILD.gn 文件，内容如下所示。

```
import("//build/ohos.gni")          # 导入编译模板
ohos_executable("helloworld") {     # 可执行模块
  sources = [                        # 模块源码
    "src/helloworld.c"
  ]
  include_dirs = [                   # 模块依赖头文件目录
    "include"
  ]
  cflags = []
  cflags_c = []
  cflags_cc = []
  ldflags = []
  configs = []
  deps =[]                           # 部件内部依赖
  part_name = "hello"                # 所属部件名称，必选
  install_enable = true              # 是否默认安装（默认为不安装），可选
}
```

新建 applications/sample/hello/bundle.json 文件，添加 sample 部件描述，内容如下所示。

```
{
  "name": "@ohos/hello",
  "description": "Hello world example.",
  "version": "3.1",
  "license": "Apache License 2.0",
  "publishAs": "code-segment",
  "segment": {
    "destPath": "applications/sample/hello"
  },
  "dirs": {},
  "scripts": {},
  "component": {
    "name": "hello",
    "subsystem": "sample",
    "syscap": [],
    "features": [],
    "adapted_system_type": [ "mini", "small", "standard" ],
    "rom": "10 KB",
```

```
    "ram": "10KB",
    "deps": {
      "components": [],
      "third_party": []
    },
    "build": {
      "sub_component": [
          "//applications/sample/hello:helloworld"
      ],
      "inner_kits": [],
      "test": []
    }
  }
}
```

bundle.json 文件包含两个部分，第一部分描述该部件所属子系统的信息，第二部分 component 则定义该部件构建相关配置。添加的时候需要指明该部件包含的模块 sub_component，若提供给其他部件的接口，则需要在 inner_kits 中说明；若有测试用例，则需要在 test 中说明，inner_kits 与 test 没有也可以不添加。

（3）修改子系统配置文件

在 build/subsystem_config.json 中添加新建的子系统的配置。

```
"sample": {
  "path": "applications/sample/hello",
  "name": "sample"
},
```

（4）修改产品配置文件

在 productdefine/commonn/products/rk3568.json 中添加对应的 hello 部件，直接添加到原有部件后即可。

```
"sample:hello":{},
"securec:thirdparty_bounds_checking_function":{},
"web:webview":{}
```

7.3.3 编译

（1）IDE 编译源码

基于 IDE 开发上述案例后，需要使用 DevEco Device Tool 配置编译环境，单击"工程配置"，新增配置如图 7-3 所示。

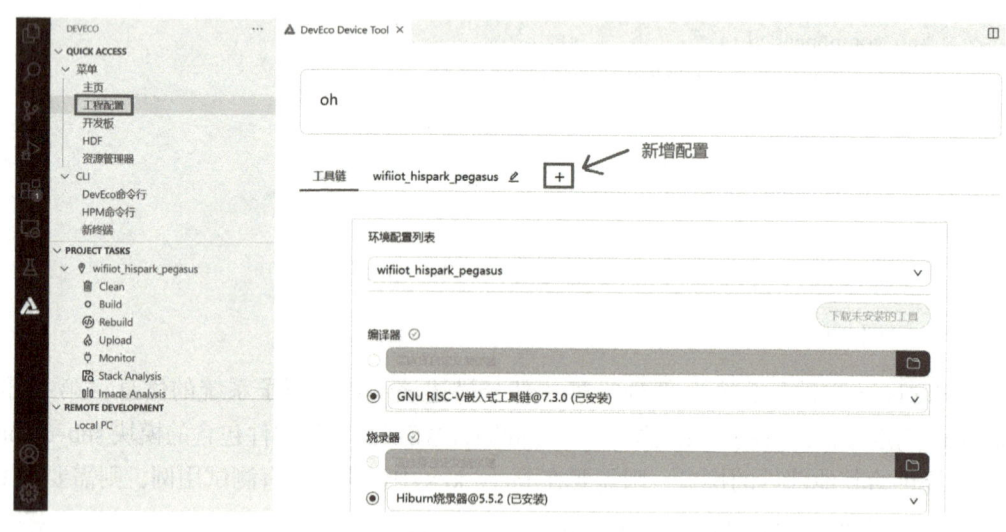

图 7-3　新增配置

产品选择"rk3568"，如图 7-4 所示。

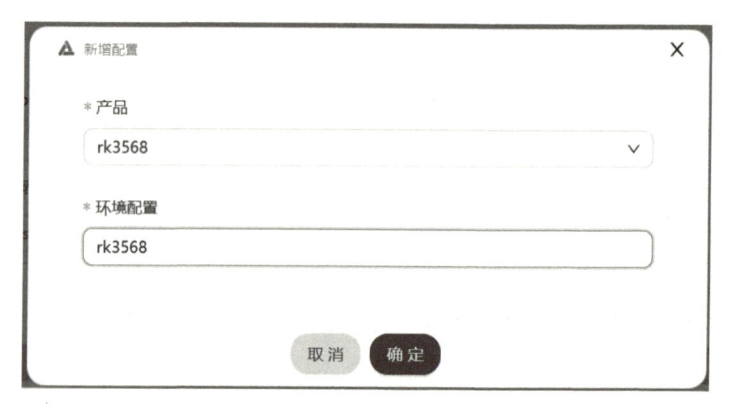

图 7-4　选择 rk3568 产品

在"工具链"中的环境配置列表选择"rk3568"，安装产品所需要的环境，可使用第三方烧录器，如图 7-5 所示。

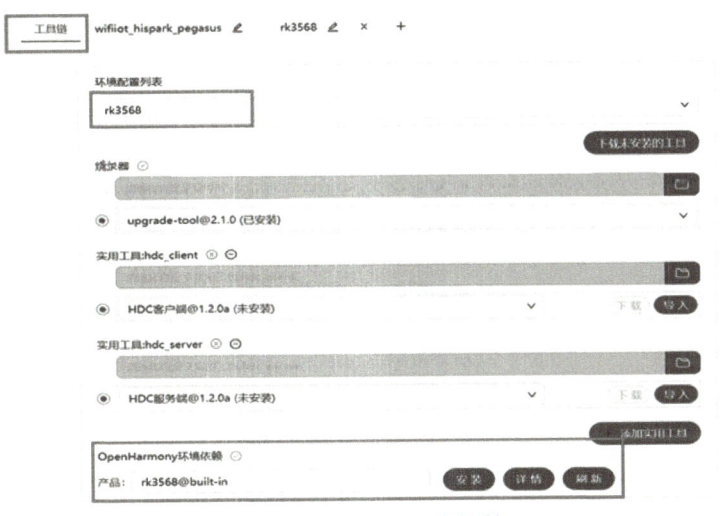

图 7-5　安装环境依赖

在 DevEco Device Tool 界面的 "PROJECT TASKS" 中，单击对应开发板下的 "Build" 按钮，如图 7-6 所示，执行编译（标准系统的编译过程十分长，请耐心等待）。

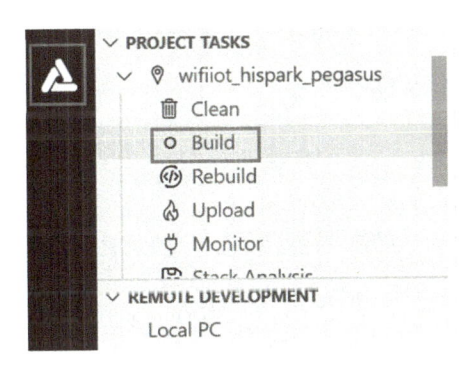

图 7-6　编译代码

等待编译完成，在 TERMINAL 窗口输出 "SUCCESS"，编译完成，如图 7-7 所示。

```
[OHOS INFO] c overall build overlap rate: 1.00
[OHOS INFO]
[OHOS INFO]
[OHOS INFO] wifiiot_hispark_pegasus build success
[OHOS INFO] cost time: 0:00:14

please check the compilation log: /home/linux/.deveco-device-tool/logs/build/build.log
======================================= [SUCCESS] Took 15.81 seconds =======================================

Environment              Target      Status      Duration
--------------------     --------    --------    ------------
wifiiot_hispark_pegasus  buildprog   SUCCESS     00:00:15.812
rk3568                   buildprog   IGNORED
======================================= 1 succeeded in 00:00:15.812 =======================================
* 终端将被任务重用，按任意键关闭。
```

图 7-7　编译成功

编译完成后，可以在工程的 out/rk3568/packages/phone/images 目录下，查看编译生成的文件，如图 7-8 所示，用于后续的 RK3568 开发板烧录。

```
v images
    boot_linux.img
    MiniLoaderAll.bin
    parameter.txt
    resource.img
    system.img
    uboot.img
    updater.img
    userdata.img
    vendor.img
```

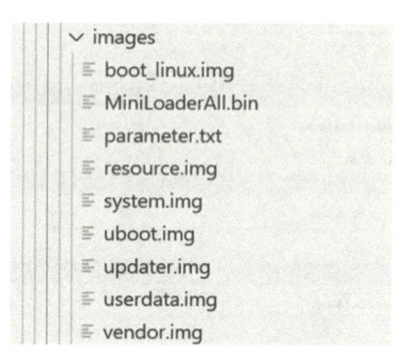

图 7-8　编译生成的镜像文件

（2）分区表

打开 parameter.txt 分区表文件，可以看到每个分区的镜像名称和地址，MiniLoaderAll.bin 加载 uboot，uboot 加载 kernel，此处，MiniLoaderAll.bin 和 parameter.txt 必须放在地址 0x00000000。

```
FIRMWARE_VER:11.0
MACHINE_MODEL:rk3568_r
MACHINE_ID:007
MANUFACTURER: rockchip
MAGIC: 0x5041524B
ATAG: 0x00200800
MACHINE: rk3568_r
CHECK_MASK: 0x80
PWR_HLD: 0,0,A,0,1
TYPE: GPT
CMDLINE:mtdparts = rk29xxnand:0x00002000@0x00002000(uboot),0x00002000@0x00004000(misc),0x00002000@0x00006000(resource),0x00030000@0x00008000(boot_linux:bootable),0x00400000@0x00038000(system),0x00200000@0x00438000(vendor),-@0x00638000(userdata:grow)
uuid:system=614e0000-0000-4b53-8000-1d28000054a9
uuid:boot_linux=a2d37d82-51e0-420d-83f5-470db993dd35
```

（3）bootloader

目前 bootloader 在嵌入式设备中几乎都使用 uboot，使用原厂提供的即可，无须修改。uboot 的作用是从 flash 或者网络中加载内核（还可能包括 initrd、设备树）到内存，然后在内存中运行内核。对于 uboot，需要重点关注的是 bootargs，bootargs 是在启动内核时从 uboot 传到内核的参数，它可覆盖设备树中的配置信息。以 RK3568 开发板为例，Mini-

LoaderAll.bin，uboot.img 直接使用原厂提供的即可。

（4）镜像说明

OpenHarmony 标准系统下的镜像说明如表 7-2 所示。

表 7-2　OpenHarmony 标准系统镜像说明

镜像名称	挂载点	说明
boot.img	NA	内核和 ramdisk 镜像，bootloader 加载的第一个镜像（在 Hi3516DV300 平台上是 boot.img，而在 rk3568 平台上相应的镜像文件为 boot_linux.img）
system.img	/system	系统组件镜像，存放与芯片方案无关的平台业务
vendor.img	/vendor	芯片组件镜像，存放芯片相关的硬件抽象服务
updater.img	/	升级组件镜像，用于完成升级；正常启动时不加载此镜像
userdata.img	/data	可写的用户数据镜像

每个开发板都需要在存储器上划分好分区来存放上述镜像，SOC 启动时都由 bootloader 来加载这些镜像，具体过程包括以下几个步骤。

① bootloader 初始化 ROM 和 RAM 等硬件，加载分区表信息。

② bootloader 根据分区表加载 boot.img，从中解析并加载 ramdisk.img 到内存中。

③ bootloader 准备好分区表信息、ramdisk 地址等信息，进入内核，内核加载 ramdisk 并执行 init。

④ init 准备初始文件系统，挂载 required.fstab（包括 system.img 和 vendor.img 的挂载）。

⑤ 扫描 system.img 和 vendor.img 中 etc/init 目录下的启动配置脚本，执行各个启动命令。

7.3.4　烧录

本节通过 Windows 环境进行 RK3568 镜像烧录，将 Ubuntu 环境下编译生成的待烧录程序文件通过 Samba 服务共享到 Windows 系统下，然后通过 Windows 的烧录工具将程序文件烧录至开发板中。

（1）连接开发板

依次连接开发板的电源线、Debug 调试线、USB 烧写线，如图 7-9 所示。

图 7-9　连接开发板示意图

（2）安装 USB 驱动

安装 Windows/DriverAssitant_v5.1.1/DriverInstall.exe 驱动安装程序。如为首次安装，则直接单击"驱动安装"按钮进行安装并等待安装完成。若之前已安装过旧版本的烧录工具，需先执行"驱动卸载"卸载旧版本驱动后，再单击"驱动安装"按钮安装新版本驱动，如图7-10 所示。

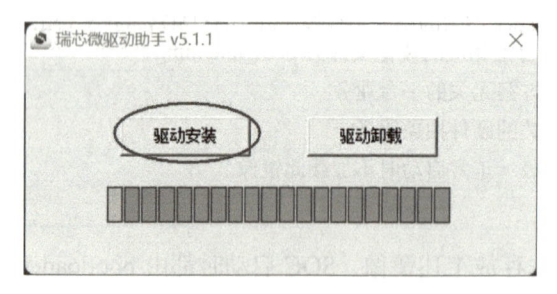

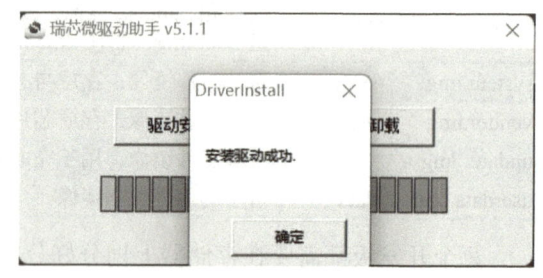

图 7-10　USB 驱动安装

（3）打开烧录工具

双击 Windows/RKDevTool.exe 打开烧录工具，默认是 Maskrom 模式，如图 7-11 所示。

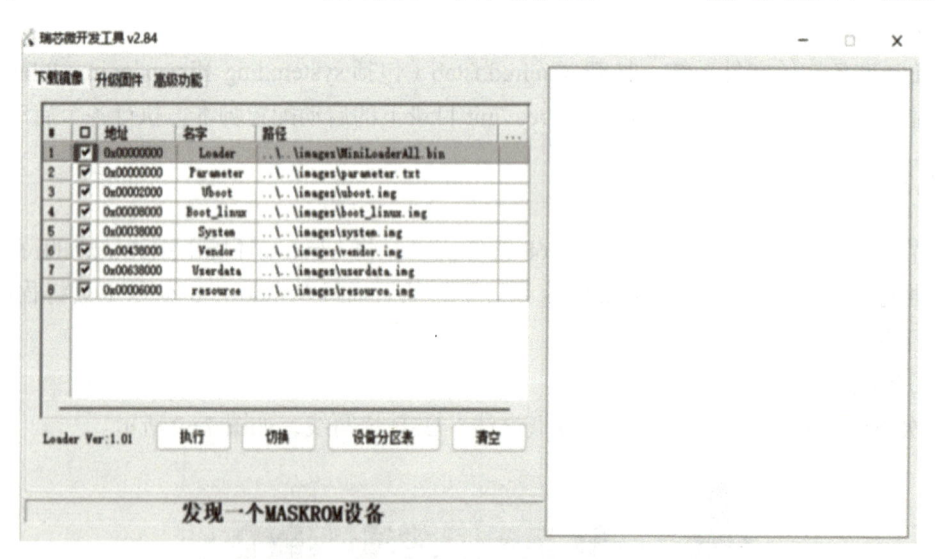

图 7-11　RKDevTool Maskrom 模式

注意：如果下载的固件是 2022 年 5 月 9 日主干（master）分支上午 11 点之后的版本，则需要导入镜像包中的 config.cfg 配置才能选择烧写该文件，如图 7-12、图 7-13 所示。导入新配置后，misc、sys-prod、chip-prod 三个分区不存在镜像（预留位置），烧录时不能勾选，如图 7-14 所示。

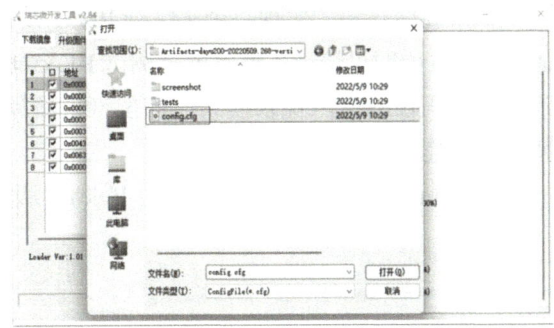

图 7-12　导入配置

图 7-13　config.cfg 配置文件

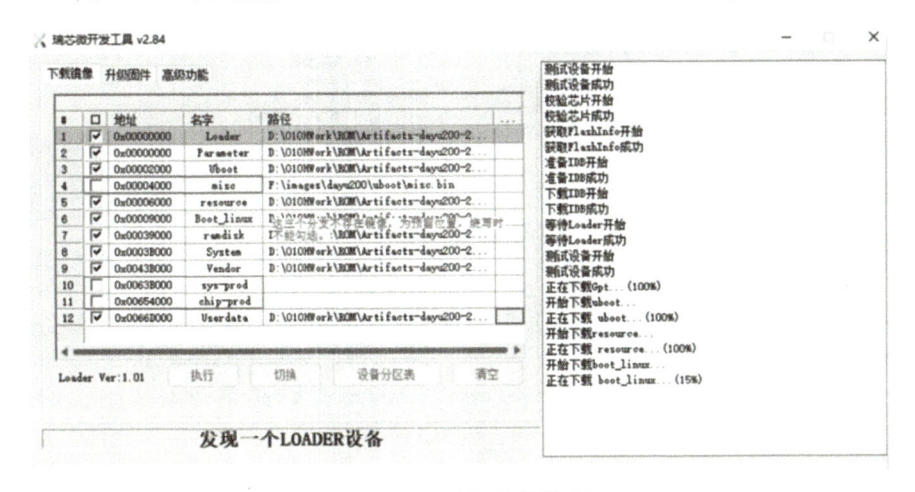

图 7-14　不勾选的镜像

（4）连接设备

连接计算机与设备后，在设备开机过程中：

①按住 VOL+/RECOVERY 按键和 RESET 按钮不松开，烧录工具此时显示"没有发现设备"；

②松开 RESET 键，烧录工具显示"发现一个 LOADER 设备"，说明此时已经进入烧写模式；

③松开按键，稍等几秒后单击执行按钮进行烧录。如果界面显示"发现一个 LOADER 设备"，则说明开发板进入 Loader 模式等待烧录固件。

如图 7-15 所示，名字列为要烧录的固件，路径列为本地镜像路径，需要逐个选择本地路径。

图 7-15　配置本地镜像路径

如果界面显示"发现一个MASKROM设备",说明开发板进入Maskrom模式等待烧录固件(官方说明可烧录,但此模式测试RK3568烧录失败)。如果界面显示"没有发现设备",说明开发板没有进入烧录模式,需按键重新操作(无按键的小型开发板需使用相关工具短接某两个连接点)。

对于master之前的版本或者3.1 Release版本,只需要按如图7-16所示进行配置即可。

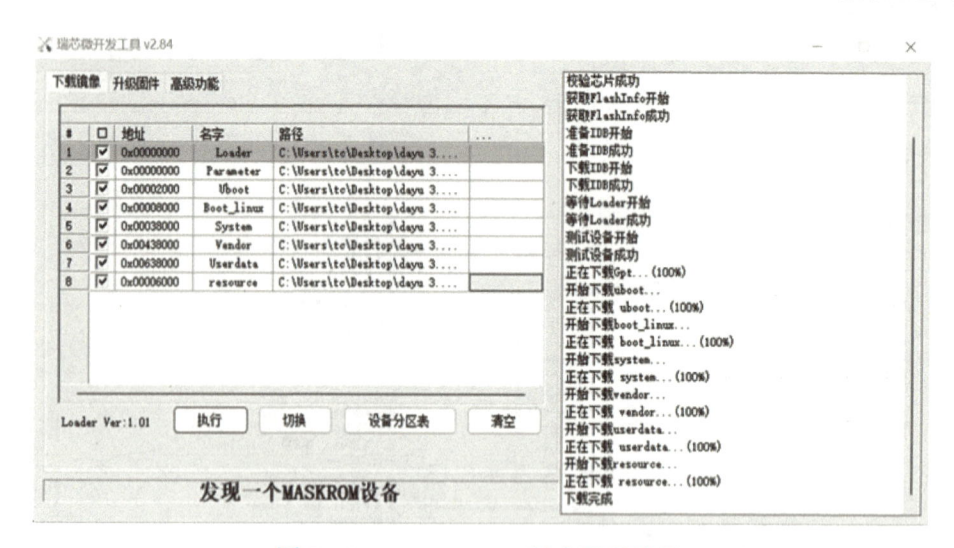

图7-16　3.1 Release版本配置镜像

说明:
①如果烧写成功,在工具界面右侧会显示"下载完成"。
②如果烧写失败,在工具界面右侧会用红色的字体显示"烧写错误信息"。

7.3.5　运行

镜像烧录完成重启开发板后,系统将会自动启动。开发板附带的屏幕呈现如图7-17所示的以下界面,表明系统已运行成功。

设备启动后打开串口工具(以MobaXterm为例),将波特率设置为1500000,连接设备。打开串口后,在任意目录(以设备根目录为例)下输入命令"helloworld"后按Enter键,界面打印"Hello World!",程序运行成功,如图7-18所示。

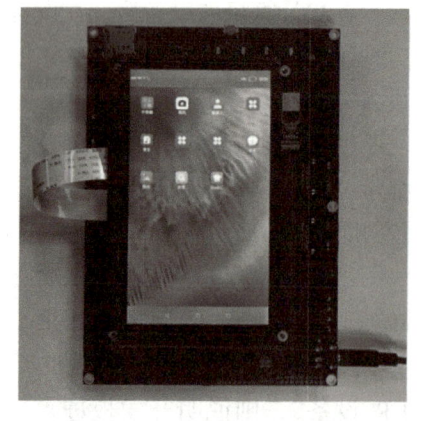

图7-17　RK3568启动画面

图 7-18 "Hello World!"案例运行成功效果

7.4 移植指南

在熟悉了 OpenHarmony 标准系统基本操作后，本节将介绍 OpenHarmony 标准芯片的适配指南，希望能帮助大家更清晰地认识 OpenHarmony 芯片的适配过程。不同产品的硬件能力不一样，需要适配的功能模块也不一样，可以根据需要进行裁剪。

7.4.1 适配过程

整个适配过程可以分为六个阶段，如图 7-19 所示。

一、系统启动 ▶ 二、点屏 ▶ 三、基础硬件适配 ▶ 四、增强硬件适配 ▶ 五、商用能力补齐 ▶ 六、XTS认证

图 7-19 OpenHarmony 适配的六个阶段

（1）系统启动

代码工程搭建 → 烧录打包 → 内核移植 → 启动内核 → Ramdisk启动 → System Init启动 → HDC适配

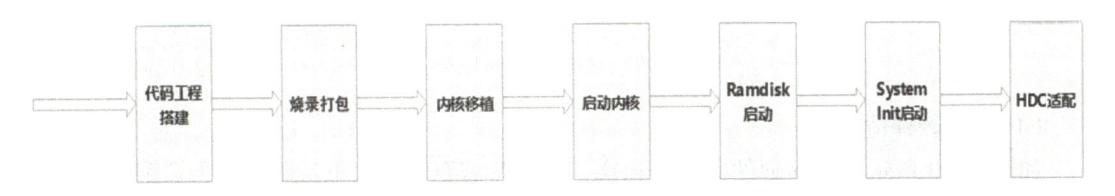

图 7-20 OpenHarmony 系统启动过程

如图 7-20 所示，本阶段的主要目标是将 OpenHarmony 系统在这个新芯片上启动。完成这一步后，其他硬件模块的适配，如图形、Wi-Fi、GPU 等，都可以开始并行进行了。

为了完成这一步，需要进行最初的代码工程搭建、烧录打包、内核移植、内核启动等一系列工作，直到 System Init 启动。为了方便更多开发者调试，OpenHarmony 特意加了 HDC 适配。

（2）点屏

本阶段的主要目标是点亮屏幕，流程如图 7-21 所示，提供一个肉眼可见的 OpenHarmony 系统版本，使后续开发更加便捷。

点亮屏幕依赖两个方面：一是应用的正常启动，二是图形适配正常。

①应用的正常启动：如果应用没有启动就依次检查各个点，一般的原因是相关功能依赖没有开启，比如，如果 Accesstoken 没有移植，会导致 SoftBus、Foundation 等无法启动。

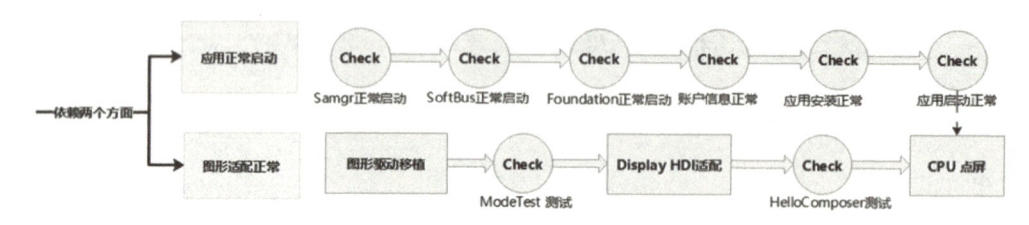

图 7-21　点屏流程

②图形适配正常：主要是图形驱动移植和 Display HDI 适配。适配完成之后，修改系统后采用 CPU 点亮屏幕。

（3）基础硬件适配

如图 7-22 所示，基础硬件适配这一步只包括输入和 Wi-Fi，为什么要单独划分出来呢？

这是因为这两个模块的适配工作量很小，不需要等很长时间。有了输入模块后，应用起来更加方便，除了其他硬件能力设备调测更方便，也便于开发调试应用。有了 Wi-Fi，就有了分布式。

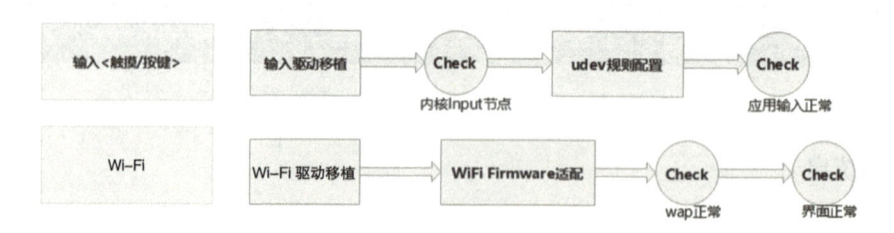

图 7-22　基础硬件适配

（4）增强硬件适配

如图 7-23 所示为增强硬件适配，到这一步，就需要进行大批量硬件能力适配，有的设备需要的硬件能力多，有的设备需要的硬件能力少，可按需求进行取舍。

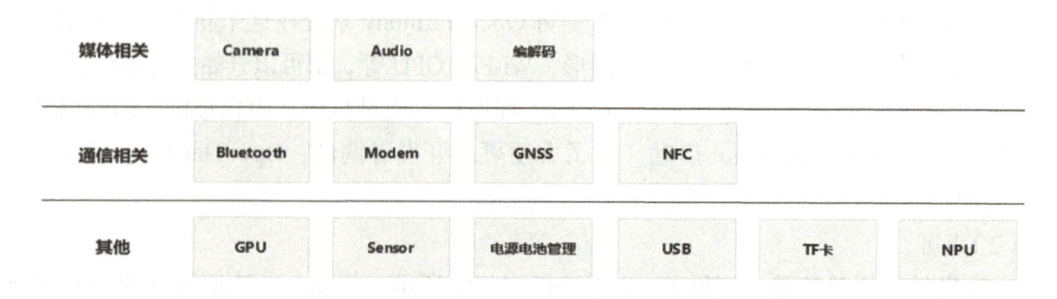

图 7-23　增强硬件适配

(5) 商用能力补齐

完成增强硬件适配后，开发板就具备了各种基础开发能力，但其最终目标是商用，因此还需补齐各种商用能力，有功能方面的，有安全方面的，也有性能方面和稳定性方面的，如图 7-24 所示。

功能	系统更新					
安全	TEE	安全启动	SeLinux	人脸识别	指纹识别	安全键盘
性能	硬件合成	内存压缩	性能KPI优化			
稳定性	BBOX	应用查杀配置	稳定性问题解决			

图 7-24　商用能力补齐

(6) XTS 认证

XTS 认证不一定只能在最后阶段才开始，在第三阶段后的任意时间，就可以进行测试和认证。XTS 认证通过后，若后续新增功能，就需要再次刷新 XTS 认证。从 3.2 Release 版本开始，XTS 认证，除了验证测试用例和解决问题，也可用于模块开发（需要集成设备证明模块），如图 7-25 所示。

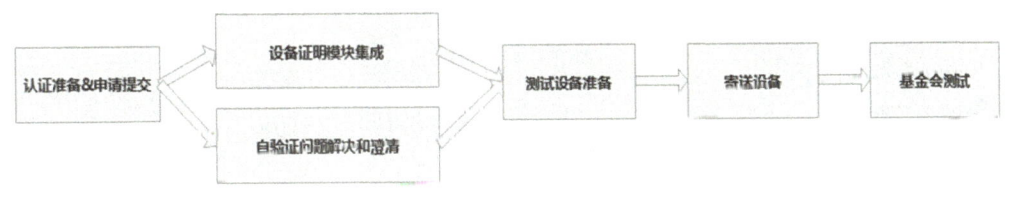

认证准备&申请提交 → 设备证明模块集成 / 自验证问题解决和澄清 → 测试设备准备 → 寄送设备 → 基金会测试

图 7-25　XTS 认证

7.5　标准系统内核移植和启动

确定好芯片名称、产品名称、供应商名称，选择适当的 OpenHarmony 代码分支，基于该代码分支新增一个产品，可以编译构建出产品镜像。建议选择最新的 Release 版本。本节基于瑞芯微 RK3568 芯片的开发板，进行标准系统相关功能的移植，主要包括产品配置和内核启动。

7.5.1 产品配置

在产品的 //productdefine/common/device 目录下创建以 rk3568 名字命名的 json 文件，并指定 CPU 的架构。//productdefine/common/device/rk3568.json 配置如下。

```
{
  "device_name": "rk3568",
  "device_company": "hihope",
  "target_os": "ohos",
  "target_cpu": "arm",
  "kernel_version": "",
  "device_build_path": "device/hihope/build",
  "enable_ramdisk": true,
  "build_selinux": true
}
```

在 //productdefine/common/products 目录下创建以产品名命名的 rk3568.json 文件。该文件用于描述产品所使用的 SOC 以及所需的子系统，配置如下。

```
{
  "product_name": "rk3568",
  "product_company": "hihope",
  "product_device": "rk3568",
  "version": "2.0",
  "type": "standard",
  "product_build_path": "device/hihope/build",
  "parts":{
    "ace:ace_engine_standard":{},
    "ace:napi":{},
    "account:os_account_standard":{},
    "barrierfree:accessibility":{},
    "distributeddatamgr:native_appdatamgr":{},
    "distributeddatamgr:distributeddatamgr":{},
    "distributeddatamgr:distributeddataobject":{},
    "distributeddatamgr:distributedfilejs":{},
    "distributeddatamgr:e2fsprogs":{},
    "filemanagement:user_file_service":{},
    "common:common":{},
    "security:permission_standard":{},
    "startup:startup_l2":{},
    "startup:appspawn":{},
```

```
"startup:init":{},
"hiviewdfx:hiviewdfx_hilog_native":{},
"hiviewdfx:hilog_native":{},
"hiviewdfx:hilog_service":{},
"hiviewdfx:hisysevent_native":{},
"hiviewdfx:hiappevent_native":{},
"hiviewdfx:hiappevent_js":{},
"hiviewdfx:hichecker_native":{},
"hiviewdfx:hichecker_js":{},
"hiviewdfx:hidumper":{},
"hiviewdfx:hiview":{},
"hiviewdfx:faultloggerd":{},
"hiviewdfx:hitrace_native":{},
"hiviewdfx:hicollie_native":{},
"utils:utils_base":{},
"developertest:developertest":{},
"rockchip_products:rockchip_products":{},
"appexecfwk:eventhandler":{},
"appexecfwk:bundle_framework":{},
"appexecfwk:bundle_tool":{},
"appexecfwk:distributed_bundle_framework":{},
"aafwk:ability_runtime":{},
"aafwk:ability_tools":{},
"aafwk:zidl":{},
"aafwk:form_runtime":{},
"aafwk:ability_base":{},
"notification:ces_standard":{},
"notification:ans_standard":{},
"communication:bluetooth_standard":{},
"communication:ipc":{},
"communication:ipc_js":{},
"communication:net_manager":{},
"communication:netmanager_base":{},
"communication:netmanager_ext":{},
"communication:netstack":{},
"communication:dsoftbus_standard":{
    "features": {
      "dsoftbus_standard_feature_conn_p2p": true,
      "dsoftbus_standard_feature_disc_ble": true,
      "dsoftbus_standard_feature_conn_br": true,
      "dsoftbus_standard_feature_conn_ble": true,
      "dsoftbus_standard_feature_trans_udp_stream":true
    }
```

```
        },
        "communication:wifi_standard":{},
        "communication:bluetooth_native_js":{},
        "location:location":{},
        "location:location_common":{},
        "location:location_locator":{},
        "location:location_network":{},
        "location:location_gnss":{},
        "location:location_passive":{},
        "location:location_geocode":{},
        "customization:config_policy":{},
        "customization:enterprise_device_management":{},
        "distributedschedule:samgr_standard":{},
        "distributedschedule:safwk":{},
        "distributedschedule:dmsfwk_standard":{},
        "hdf:device_driver_framework":{},
        "hdf:bluetooth_device_driver":{},
        "hdf:input_device_driver":{},
        "hdf:display_device_driver":{},
        "hdf:thermal_device_driver":{},
        "hdf:wlan_device_driver":{},
        "hdf:sensor_device_driver":{},
        "hdf:audio_device_driver":{},
        "hdf:usb_device_driver":{},
        "hdf:camera_device_driver":{},
        "hdf:light_device_driver":{},
        "hdf:vibrator_device_driver":{},
        "hdf:codec_device_driver":{},
        "hdf:power_device_driver":{},
        "hdf:battery_device_driver":{},
        "updater:updater":{},
        "updater:update_service":{},
        "developtools:bytrace_standard":{},
        "developtools:hdc_standard":{},
        "developtools:profiler":{},
        "developtools:hiperf":{},
        "sensors:miscdevice":{},
        "graphic:graphic_standard":{},
        "window:window_manager":{},
        "security:appverify":{},
        "security:selinux":{},
        "security:huks":{},
        "security:deviceauth_standard":{},
```

```
"security:access_token":{},
"security:device_security_level":{},
"security:dataclassification":{},
"useriam:auth_executor_mgr":{},
"useriam:pin_auth":{},
"useriam:user_auth":{},
"useriam:face_auth":{},
"useriam:useriam_common":{},
"useriam:user_idm":{},
"sensors:sensor":{},
"sensors:start":{},
"msdp:device_status":{},
"miscservices:time_native":{},
"miscservices:inputmethod_native":{},
"miscservices:pasteboard_native":{},
"miscservices:screenlock":{},
"miscservices:wallpaper_native":{},
"miscservices:request":{},
"multimedia:multimedia_histreamer":{},
"multimedia:multimedia_media_standard":{},
"multimedia:multimedia_audio_standard":{},
"multimedia:multimedia_camera_standard":{},
"multimedia:multimedia_image_standard":{},
"multimedia:multimedia_media_library_standard":{},
"multimodalinput:multimodalinput_base":{},
"telephony:core_service":{},
"telephony:ril_adapter":{},
"telephony:data_storage":{},
"telephony:state_registry":{},
"telephony:cellular_call":{},
"telephony:cellular_data":{},
"telephony:sms_mms":{},
"telephony:call_manager":{},
"global:i18n_standard":{},
"global:resmgr_standard":{},
"global:systemres":{},
"powermgr:power_manager_native":{},
"powermgr:battery_manager_native":{},
"powermgr:battery_statistics_native":{},
"powermgr:display_manager_native":{},
"powermgr:thermal_manager":{},
"applications:prebuilt_hap":{},
"contactsdata:contactsdata_hap":{},
```

```
    "settingsnapi:settings_standard":{},
    "wpa_supplicant-2.9:wpa_supplicant-2.9":{},
    "xts:xts_acts":{},
    "xts:xts_hats":{},
    "xts:xts_dcts":{},
    "distributedhardware:device_manager_base":{},
    "distributedhardware:distributed_hardware_fwk":{},
    "distributedhardware:distributed_camera":{},
    "distributedhardware:distributed_screen":{},
    "utils:jsapi_sys":{},
    "utils:jsapi_api":{},
    "utils:jsapi_util":{},
    "utils:jsapi_worker":{},
    "utils:utils_memory":{},
    "ark:ark":{},
    "ark:ark_js_runtime":{},
    "ark:ark_ts2abc":{},
    "deviceprofile:device_profile_core":{},
    "filemanagement:storage_service":{},
    "filemanagement:dfs_service":{},
    "filemanagement:app_file_service":{},
    "resourceschedule:resource_schedule_service":{},
    "resourceschedule:soc_perf":{},
    "resourceschedule:background_task_mgr":{},
    "resourceschedule:work_scheduler":{},
    "resourceschedule:memmgr":{},
    "resourceschedule:frame_aware_sched":{},
    "resourceschedule:device_usage_statistics":{},
    "usb:usb_manager":{},
    "securec:thirdparty_bounds_checking_function":{},
    "web:webview":{}
  }
}
```

主要的配置内容如下。

① product_device：配置所使用的 SOC。

② type：配置系统的级别，这里直接使用 standard 即可。

③ parts：系统需要启用的子系统。子系统可以简单理解为一块独立构建的功能块。

已定义的子系统可以在 //build/subsystem_config.json 中找到，当然也可以定制子系统。

在 //device/hihope/build/BUILD.gn 编译配置文件中配置如下内容。

```
import("//build/ohos.gni")
group("products_group") {
 if (device_name == "rk3568") {
  deps = [
   "//device/hihope/rk3568:rk3568_group",
  ]
 }

 deps += [
  "//device/hihope/hardware:hardware_group",
 ]
}
```

至此，便可以使用如下命令，启动产品的构建。

```
./build.sh --product-name rk3568 --ccache
```

构建完成后，可以在 //out/{device_name}/packages/phone/images 目录下看到构建出来的 OpenHarmony 镜像文件。

7.5.2 内核启动

当镜像文件烧录至开发板，系统上电加载内核后，按照以下流程完成系统各个服务和应用的启动，如图 7-25 所示。

① 内核加载 init 进程，一般在 bootloader 启动内核时通过设置内核的 cmdline 来指定 init 的位置。

② init 进程启动后，会挂载 tmpfs、procfs，创建基本的 dev 设备节点，提供最基本的根文件系统。

③ init 也会启动 ueventd 监听内核热插拔设备事件，为这些设备创建 dev 设备节点。包括 block 设备的各个分区设备都是通过此事件创建的。

④ init 进程挂载 block 设备各个分区（system、vendor）后，开始扫描各个系统服务的 init 启动脚本，并拉起各个 SA 服务。

⑤ samgr 是各个 SA 的服务注册中心，每个 SA 启动时，都需要向 samgr 注册，每个 SA 会分配一个 ID，应用可以通过该 ID 访问 SA。

⑥ foundation 是一个特殊的 SA 服务进程，提供了用户程序管理框架及基础服务，由该进程负责应用的生命周期管理。

⑦ 由于应用都需要加载 JS 的运行环境，涉及大量准备工作，因此 appspawn 作为应用的

孵化器，在接收到 foundation 里的应用启动请求时，可以直接孵化出应用进程，减少应用启动时间。

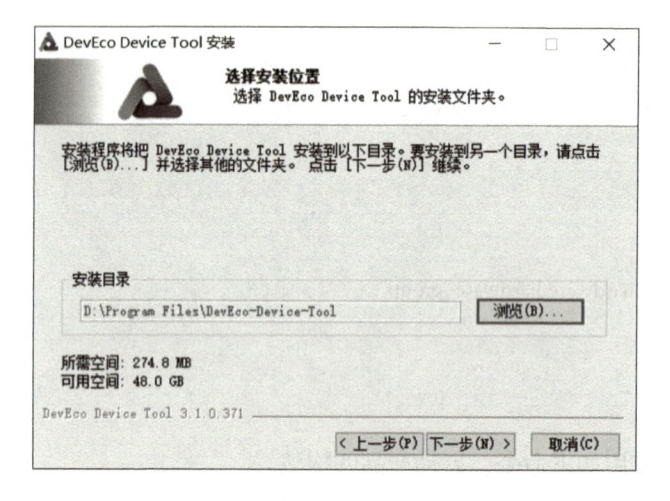

图 7-25　用户态进程启动引导总览

第 8 章 标准系统驱动移植

OpenHarmony 是一个上层用户操作系统，在设计上希望兼容不同的底层系统。OpenHarmony 对 Linux、Uboot 等底层系统没有太多的依赖，并且在驱动方面，HDF 也兼容 Linux 标准驱动。继第 7 章基于 RK3568 开发板系统启动后，本章将在其基础上，点亮屏幕和完成开发板的 XTS 认证最小集。

8.1 图形驱动测试

OpenHarmony 现有框架主要支持两种显示框架：DRM 和 FB。目前 OpenHarmony 上主要采用 DRM 框架。DRM 驱动是显卡驱动的一种架构，相比于 FB 架构，DRM 更能适应当前日益更新的显示硬件。比如 FB 原生不支持多层合成，不支持 VSYNC，不支持 DMA-BUF，不支持异步更新，不支持 fence 机制，等等，而这些功能 DRM 原生都支持。同时 DRM 可以统一管理 GPU 和 Display 驱动，使软件架构更为统一，方便管理和维护。

8.1.1 DRM 驱动测试

在用户态，DRM 提供了 libdrm 库，并提供了 modetest 测试程序，来测试 DRM 驱动是否完成了基础适配。在 OpenHarmony 的第三方库 libdrm 自带了 modetest，但默认没有参考编译。

8.1.2 环境搭建

（1）为 modetest 添加 BUILD.gn

third_party/libdrm/tests/modetest/BUILD.gn 如下。

```
import("//build/ohos.gni")
ohos_executable("modetest") {
  sources = [
    "buffers.c",
    "cursor.c",
    "modetest.c",
  ]

  cflags = [
      "-Wno-pointer-arith",
  ]

  include_dirs = [
    "../",
    ".",
```

```
  ]

  configs = [ "//third_party/libdrm:libdrm_config" ]

  public_configs = [ "//third_party/libdrm:libdrm_public_config" ]

  deps = [
    "//third_party/libdrm:libdrm",
    "//third_party/libdrm/tests/util/:util",
  ]

  public_deps = []

  install_images = [
    "system",
    "updater",
  ]
  part_name = "graphic_standard"
  subsystem_name = "graphic"
}
```

（2）添加其他依赖

third_party/libdrm/tests/util/BUILD.gn 如下。

```
import("//build/ohos.gni")

ohos_static_library("util") {

  sources = [
    "format.c",
    "kms.c",
    "pattern.c",
  ]

  cflags = []

  include_dirs = [
    "../",
    ".",
  ]

  configs = [ "//third_party/libdrm:libdrm_config" ]
```

```
    public_configs = [ "//third_party/libdrm:libdrm_public_config" ]

    deps = [
      "//third_party/libdrm:libdrm",
    ]

    public_deps = []
}
```

（3）加入编译框架

添加到 graphic 依赖项：foundation/graphic/graphic_2d/bundle.json。

```
    "group_type": {
      "base_group": [
        "//third_party/libpng:libpng",
        "//third_party/libdrm/tests/util:util",                    # 新增
        "//third_party/libdrm/tests/modetest:modetest",            # 新增
        "//foundation/graphic/graphic_2d/interfaces/kits/napi:napi_packages",
        "//foundation/graphic/graphic_2d/rosen/modules/composer:libcomposer",
        "//foundation/graphic/graphic_2d/rosen/modules/composer/native_vsync:libnative_vsync",
```

如若报错，提示未使用，添加注释即可。

```
third_party\libdrm\tests\util\pattern.c：988
# void *mem_base = mem;
```

开始编译并下载，生成的文件在 /system/bin 目录下。

8.1.3 测试效果

执行 modetest 首先停止 render_service，代码如下。

```
service_control stop render_service
```

直接运行 modetest 可以获取所有参数。

```
/system/bin/modetest
……
Encoders:
id   crtc   type      possible crtcs    possible clones
120   0    Virtual    0x00000003       0x00000001
122   0    TMDS       0x00000001       0x00000002
135   85   DSI        0x00000002       0x00000004
……
```

如果遍历了所有驱动后都找不到合适的驱动名称就退出导致无法运行，就需要使用 -D 来指定 dri 的名称。查看 dri 设备信息的代码如下。

```
ls -l /dev/dri/by-path/
total 0
lrwxrwxrwx 1 root system 8 2017-08-07 13:34 platform-display-subsystem-card -> ../card0
lrwxrwxrwx 1 root system 8 2017-08-07 13:33 platform-display-subsystem-render -> ../renderD128
```

可以使用"-D display-subsystem"替换"-M rockchip"，代码如下。

```
/system/bin/modetest -D 0 -a -s 136@85:720x1280 -P 71@85:720×1280
```

效果如图 8-1 所示。

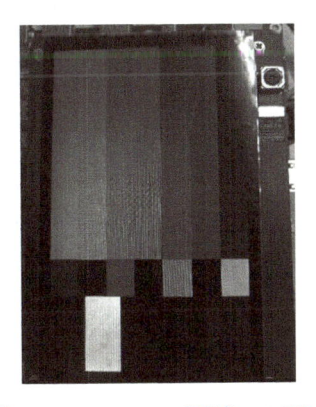

图 8-1 modetest 测试 DRM 驱动

8.2 图形 HDI 驱动移植

图形 HDI 的移植有如下两种方式。

① 参考现有的设备，比如 RK3568，把 device/soc/rockchip/rk3568/hardware/display 整个文件夹复制到对应目录下。

② 参考 OpenHarmony 提供的参考代码 drivers/peripheral/display/hal/default_standard，并复制到 device/soc/xx/xx/hardware 目录下。

快速构建产品，推荐使用方式①，代码移植工作量小。可先分析 OpenHarmony 提供的标准代码目录结构。

```
├── display_device # 包含显示设备操作接口
│   ├── composer # 合成送显
│   │   ├── hdi_composer.cpp # 合成送显执行
│   │   ├── hdi_composer.h
│   │   ├── hdi_gfx_composition.cpp # 硬件合成接口
│   │   ├── hdi_gfx_composition.h
│   │   ├── hdi_video_composition.cpp # video 专用通道处理
│   │   └── hdi_video_composition.h
│   ├── core // 核心模块
│   │   ├── hdi_device_common.h
│   │   ├── hdi_device_interface.cpp
│   │   ├── hdi_device_interface.h
│   │   ├── hdi_display.cpp
│   │   ├── hdi_display.h
│   │   ├── hdi_fd.h
│   │   ├── hdi_layer.cpp
│   │   ├── hdi_layer.h
│   │   ├── hdi_netlink_monitor.cpp
│   │   ├── hdi_netlink_monitor.h
│   │   ├── hdi_session.cpp # 对上提供的 hdi 接口
│   │   └── hdi_session.h
│   ├── drm # drm 模式代码
│   │   ├── drm_connector.cpp drm 基础模块 -connector
│   │   ├── drm_connector.h
│   │   ├── drm_crtc.cpp drm 基础模块 -crtc
│   │   ├── drm_crtc.h
│   │   ├── drm_device.cpp
│   │   ├── drm_device.h
│   │   ├── drm_display.cpp
│   │   ├── drm_display.h
```

```
│   │   ├── drm_encoder.cpp          drm 基础模块 -encoder
│   │   ├── drm_encoder.h
│   │   ├── drm_plane.cpp            drm 基础模块 -plane
│   │   ├── drm_plane.h
│   │   ├── drm_vsync_worker.cpp     # vsync 同步信号处理
│   │   ├── drm_vsync_worker.h
│   │   ├── hdi_drm_composition.cpp  # drm 送显处理
│   │   ├── hdi_drm_composition.h
│   │   ├── hdi_drm_layer.cpp
│   │   └── hdi_drm_layer.h
│   ├── fbdev  # FB 模式代码
│   │   ├── fb_composition.cpp
│   │   ├── fb_composition.h
│   │   ├── fb_device.cpp
│   │   ├── fb_device.h
│   │   ├── fb_display.cpp
│   │   └── fb_display.h
│   └── vsync
│       ├── sorft_vsync.cpp
│       └── sorft_vsync.h
├── display_gfx
│   └── display_gfx.c                # gfx 具体硬件合成实现
├── display_gralloc                  # 图形显示 buffer 分配
│   ├── allocator.cpp
│   ├── allocator.h
│   ├── allocator_manager.cpp
│   ├── allocator_manager.h
│   ├── display_gralloc.cpp
│   ├── dmabufferheap_allocator.cpp
│   ├── dmabufferheap_allocator.h
│   ├── drm_allocator.cpp
│   ├── drm_allocator.h
│   ├── framebuffer_allocator.cpp
│   ├── framebuffer_allocator.h
│   ├── hisilicon_drm.h
│   ├── sprd_allocator.cpp
│   └── sprd_allocator.h
├── display_layer_video              # video 专用通道硬件适配
│   └── display_layer_video.cpp
└── utils
    ├── display_adapter.cpp
    ├── display_adapter.h
    └── display_module_loader.h
```

8.2.1 基础修改

（1）vsync 信号修改

前期如果硬件帧信号不确定是否适配好，可以先使用软件帧信号。目录上 hardware/display/src/display_device/drm_vsync_worker.cpp，代码如下。

```cpp
uint64_t DrmVsyncWorker::WaitNextVBlank(unsigned int &sq)
{
  constexpr uint64_t SEC_TO_NSEC = 1000 * 1000 * 1000;
  constexpr uint64_t USEC_TO_NSEC = 1000;
# 添加宏条件语句
#if(0)
  drmVBlank vblank = {
    .request = drmVBlankReq {
uint64_t DrmVsyncWorker::WaitNextVBlank(unsigned int &sq)
      DISPLAY_LOGE("wait vblank failed ret :   %{public}d   errno %{public}d", ret, errno));
    sq = vblank.reply.sequence;
      return (uint64_t)(vblank.reply.tval_sec *
SEC_TO_NSEC + vblank.reply.tval_usec * USEC_TO_NSEC);

# 添加如下 #else 至 #endif 代码段
#else
    struct timespec current;
    usleep(1000*15); //66.7Hz
    sq = 1;
    clock_gettime(CLOCK_MONOTONIC, &current);
    return (uint64_t)(current.tv_sec * SEC_TO_NSEC + current.tv_nsec);
#endif
}
…… # 省略其他代码
}
```

（2）使用 CPU 渲染

CPU 渲染修改方法：设置 graphic_standard_feature_ace_enable_gpu = false。包含在以下路径中。

```
foundation/graphic/standard/graphic_config.gni
productdefine/common/inherit/rich.json
productdefine/common/products/ohos-arm64.json
```

（3）使用 CPU 合成

代码如下。

```
bool HdiGfxComposition::CanHandle(HdiLayer &hdiLayer)
{
    DISPLAY_DEBUGLOG();
    (void)hdiLayer;
#   return true;            # 注释 return true
    return false;           # 添加 return false
}




int32_t HdiGfxComposition::SetLayers(std::vector<HdiLayer *> &layers, HdiLayer &clientLayer)
{
    DISPLAY_DEBUGLOG("layers size %{public}zd", layers.size());
    mClientLayer = &clientLayer;
    mCompLayers.clear();
    for (auto &layer : layers) {
        if (CanHandle(*layer)) {
            if ((layer->GetCompositionType() != COMPOSITION_VIDEO) &&
                (layer->GetCompositionType() != COMPOSITION_CURSOR)) {
                layer->SetDeviceSelect(COMPOSITION_DEVICE);
            } else {
                layer->SetDeviceSelect(layer->GetCompositionType());
            }
            mCompLayers.push_back(layer);
        }
        else {    # 添加 else 分支代码
            layer->SetDeviceSelect(COMPOSITION_CLIENT);
        }
    }
    DISPLAY_DEBUGLOG("composer layers size %{public}zd", mCompLayers.size());
    return DISPLAY_SUCCESS;
}
```

8.2.2 Display HDI 测试

Display HDI 主要测试的点包括屏幕创建和管理、内存分配及释放、图层合成、图层送显。使用 hello_composer 来测试以上功能是否正常。hello_composer 在 3.1 Release 中默认有参与配置，所以不用修改，但在 3.2 release 中默认没有参与编译代码，修改如下（目录为 foundation/graphic/graphic_2d/bundle.json）。

```
"//foundation/graphic/graphic_2d/rosen/samples/2d_graphics:drawing_sample_rs",
"//foundation/graphic/graphic_2d/rosen/samples/2d_graphics:drawing_engine_sample",
"//foundation/graphic/graphic_2d/rosen/samples/2d_graphics/test:drawing_sample",
## start ##
"//foundation/graphic/graphic_2d/rosen/samples/composer:hello_composer",
## end ##
"//foundation/graphic/graphic_2d/rosen/modules/effect/effectChain:libeffectchain",
"//foundation/graphic/graphic_2d/rosen/modules/effect/color_picker:color_picker",
"//foundation/graphic/graphic_2d/rosen/modules/effect/skia_effectChain:skeffectchain",
```

注意：## start ## 和 ## end ## 仅作为标识作用，标识中间代码为新增配置，正常编辑配置文件时不需要添加这两行。

编译结果在 /system/bin 目录下，使用前需要先关闭 render_service 服务。

```
service_control stop render_service
```

停止服务后如果系统卡顿，可以使用 top 进行查看，并关闭 com. 开头的相关应用。因为 render_service 已经关闭，cpu 合成无法实现，为了能正常出图，需要手动实现硬件合成。

源码路径为 device/soc/rockchip/rk3568/hardware/display/src/display_device/hdi_gfx_composition.cpp，代码如下。

```
#inclucde "string.h"    # 包含 string.h 头文件，需要调用 memcpy 函数

int32_t HdiGfxComposition::Apply(bool modeSet)
{
    StartTrace(HITRACE_TAG_HDF, "HDI:DISP:Apply");
    int32_t ret;
    DISPLAY_LOGD("composer layers size %{public}zd", mCompLayers.size());

    bool needClear = false;
    for (uint32_t i = 0; i < mCompLayers.size(); i++) {
        HdiLayer *layer = mCompLayers[i];
        CompositionType compType = layer->GetCompositionType();
        if (compType == COMPOSITION_DEVICE) {
            needClear = true;
            break;
        }
    }
```

```
if (needClear) {
    ClearRect(*mClientLayer, *mClientLayer);
}

for (uint32_t i = 0; i < mCompLayers.size(); i++) {
    HdiLayer *layer = mCompLayers[i];
    CompositionType compType = layer->GetCompositionType();
    switch (compType) {
        case COMPOSITION_VIDEO:
            ret = ClearRect(*layer, *mClientLayer);
            DISPLAY_CHK_RETURN((ret != DISPLAY_SUCCESS), DISPLAY_FAILURE,
                DISPLAY_LOGE("clear layer %{public}d failed", i));
            break;
        case COMPOSITION_DEVICE:
        # 注释下面三行代码
            # ret = BlitLayer(*layer, *mClientLayer);
            # DISPLAY_CHK_RETURN((ret != DISPLAY_SUCCESS), DISPLAY_FAILURE,
            #    DISPLAY_LOGE("blit layer %{public}d failed ", i));

        # 添加 { } 所包含的代码块
            {
                char *clientBuff = (char *)mClientLayer->GetCurrentBuffer()->mHandle.virAddr;
                if(clientBuff) {
                    HdiLayerBuffer *hdiLayer = layer->GetCurrentBuffer();
                    char *layerBuff = (char *)hdiLayer->mHandle.virAddr;
                    for(int y = 0; y < hdiLayer->GetHeight(); y++) {
                        memcpy(&clientBuff[mClientLayer->GetCurrentBuffer()->GetStride() *
                        (y + layer->GetLayerDisplayRect().y) + layer->GetLayerDisplayRect().x * 4],
                        (char *)(&layerBuff[hdiLayer->GetStride() * y]), hdiLayer->GetStride());
                    }
                }
            }
            break;
        default:
            DISPLAY_LOGE("the gfx composition can not surpport the type %{public}d", compType);
            break;
    }
}
FinishTrace(HITRACE_TAG_HDF);
return DISPLAY_SUCCESS;
}
```

以上代码在硬件合成接口中实现了简单的图层合成，CanHandle 中要返回 true 来选择默认的硬件合成，代码如下。

```
bool HdiGfxComposition::CanHandle(HdiLayer &hdiLayer)
{
    DISPLAY_DEBUGLOG();
    (void)hdiLayer;
    return true;
}
```

最终显示效果如图 8-2 所示。

图 8-2　Display HDI 测试效果

8.3 TP

8.3.1 TP 驱动模型

TP 驱动模型主要包含 Input 模块硬件驱动接口（hardware driver interface，HDI）定义及其实现，对上层输入服务提供操作 Input 设备的驱动能力接口，如图 8-3 所示。HDI 接口主要包括如下三大类。

① InputManager：管理输入设备，包括输入设备的打开、关闭、设备列表信息获取等。

② InputReporter：负责输入事件的上报，包括注册、注销数据上报回调函数等。

③ InputController：提供 Input 设备的业务控制接口，包括获取器件信息及设备类型、设置电源状态等。

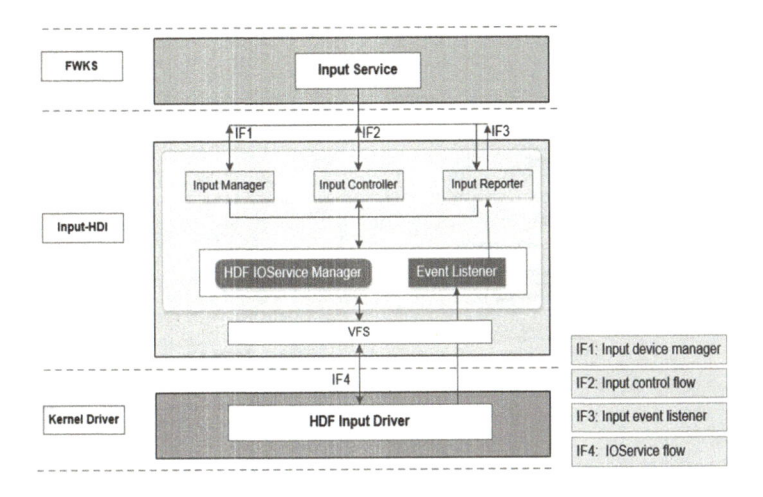

图 8-3　Input 模块 HDI 接口层框架图

相关目录下源代码目录结构如下所示。

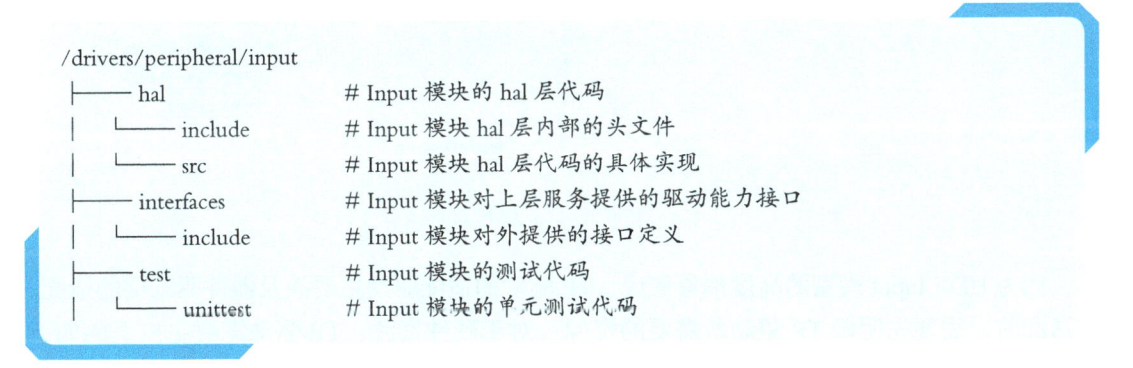

```
/drivers/peripheral/input
├── hal                 # Input 模块的 hal 层代码
│   └── include         # Input 模块 hal 层内部的头文件
│   └── src             # Input 模块 hal 层代码的具体实现
├── interfaces          # Input 模块对上层服务提供的驱动能力接口
│   └── include         # Input 模块对外提供的接口定义
├── test                # Input 模块的测试代码
│   └── unittest        # Input 模块的单元测试代码
```

8.3.2　TP HDF 驱动适配

（1）TP 驱动涉及的文件及目录

开发板移植 touch 驱动涉及的文件及目录如下。

① Makefile 文件：drivers\adapter\khdf\linux\model\input\Makefile。

② vendor\hihope\rk3568\hdf_config\khdf\device_info\device_info.hcs。

③ vendor\hihope\rk3568\hdf_config\khdf\input\input_config.hcs。

④ drivers\framework\model\input\driver\touchscreen。

（2）TP 驱动的适配

TP 驱动的适配依赖 HDF 的 Input 模型，HDF 的 Input 模型提供了 TP、KEY、HID 等场景的设备注册、管理、数据转发层、hcs 解析等的支持能力。HDF 的 Input 模型可大致抽象为驱动管理层、公共驱动层以及器件驱动层三层。从功能的角度看 HDF Input 模块的框架如

图 8-4 所示。

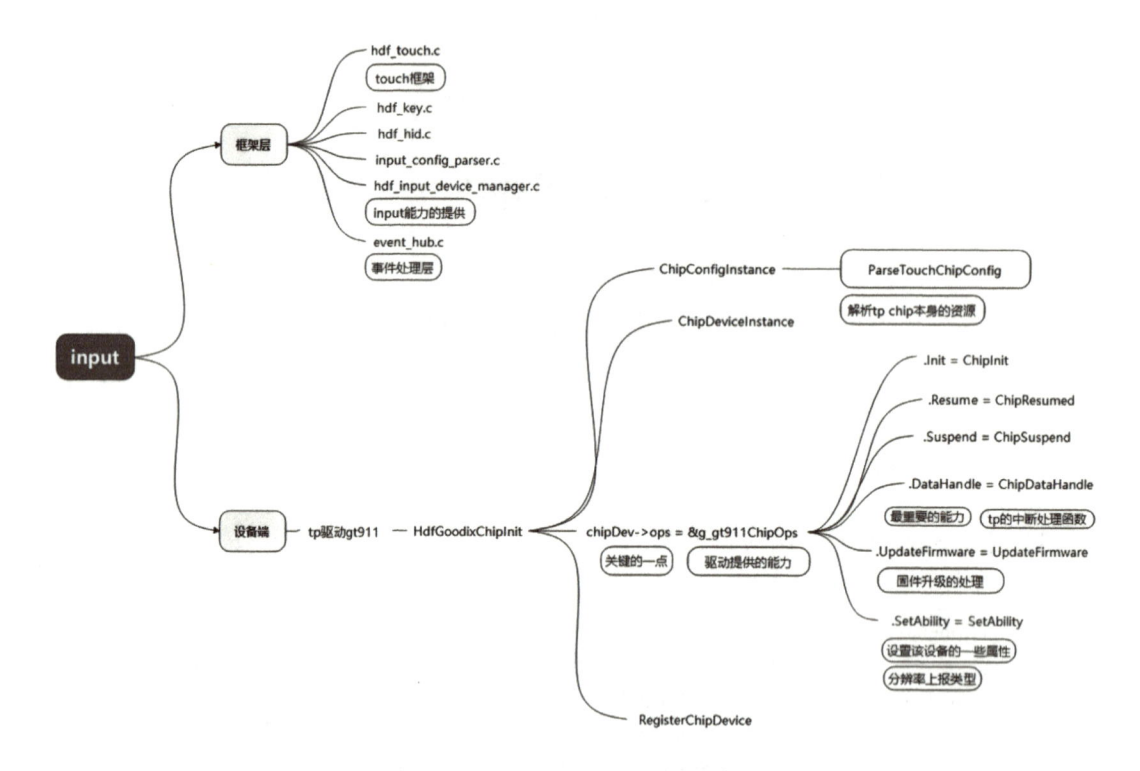

图 8-4　HDF Input 模块的框架

因为 HDF Input 模型的高度抽象集成，TP 驱动的适配驱动主要涉及器件驱动层的适配。在适配前，需要先明确 TP 驱动所需要的资源。对于硬件资源，TP 驱动需要主机上的如下资源。

①中断引脚。

② Reset 引脚。

③使用的哪一组 i2c，从设备的地址是什么。

④ TP 的初始化固件（这个通常由 IC 厂商提供）。

⑤触摸屏的分辨率。

（3）在 HDF 上适配 TP

对于软件资源，在 HDF 上适配 TP，需要依赖如下几个 HDF 基础模组。

① HDF gpio 子系统：用于设置 gpio pin 脚以及一些中断资源。

② HDF i2c 子系统：用于进行 i2c 通信。

③ Input 模型。

器件驱动主要围绕如下结构体展开。

```c
static struct TouchChipOps g_gt911ChipOps = {
    .Init = ChipInit,
    .Detect = ChipDetect,
    .Resume = ChipResume,
    .Suspend = ChipSuspend,
    .DataHandle = ChipDataHandle,
    .UpdateFirmware = UpdateFirmware,
    .SetAbility = SetAbility,
};
```

ChipInit 负责器件驱动的初始化动作，ChipDetect 负责初始化后的器件有效性检测，SetAbility 设置按键属性，ChipDataHandle 负责解析键值，UpdateFirmware 负责升级固件，ChipSuspend 负责器件的休眠，ChipResume 负责器件的唤醒。按照器件的特性实现如上接口回调，并将该结构体注册进 Input 模型即可。

8.3.3 HCS 配置

device_info.hcs 中加入新的器件节点，代码如下。

```
device_touch_chip :: device {
        device0 :: deviceNode {
            policy = 0;
            priority = 180;
            preload = 0;                                    #0表示默认加载
            permission = 0660;
            moduleName = "HDF_TOUCH_GT911";                 #需要与器件 driver 中保持一致
            serviceName = "hdf_touch_gt911_service";
            deviceMatchAttr = "zsj_gt911_5p5";
        }
    }
```

input_config.hcs 中加入器件的特性，代码如下。

```
chipConfig {
        template touchChip {
            match_attr = "";
            chipName = "gt911";
            vendorName = "zsj";
                chipInfo = "AAAA11222";//4-ProjectName,2-TP IC,3-TP Module
```

```
/* 0:i2c 1:spi*/
busType = 0;
deviceAddr = 0x5D;
/* 0:None 1:Rising 2:Failing 4:High-level 8:Low-level */
irqFlag = 2;
maxSpeed = 400;
chipVersion = 0; //parse Coord TypeA
powerSequence {
    /* [type, status, dir , delay]
        <type> 0:none 1:vcc-1.8v 2:vci-3.3v 3:reset 4:int
        <status> 0:off or low  1:on or high  2:no ops
        <dir> 0:input  1:output  2:no ops
        <delay> meanings delay xms, 20: delay 20ms
    */
    powerOnSeq = [4, 0, 1, 5,
                  3, 0, 1, 10,
                  3, 1, 1, 60,
                  4, 2, 0, 50];
    suspendSeq = [3, 0, 2, 10];
    resumeSeq = [3, 1, 2, 10];
    powerOffSeq = [3, 0, 2, 10,
                   1, 0, 2, 20];
}
}
```

8.4 Wi-Fi 适配指导

  WLAN 是基于 HDF 驱动框架开发的模块，该模块可实现跨操作系统迁移、自适应器件差异、模块化拼装编译等功能，可降低 WLAN 驱动开发的难度，减少 WLAN 驱动移植和开发的工作量。本文主要分析 WLAN 驱动框架的组成和各部件的功能，以及快速适配方法。

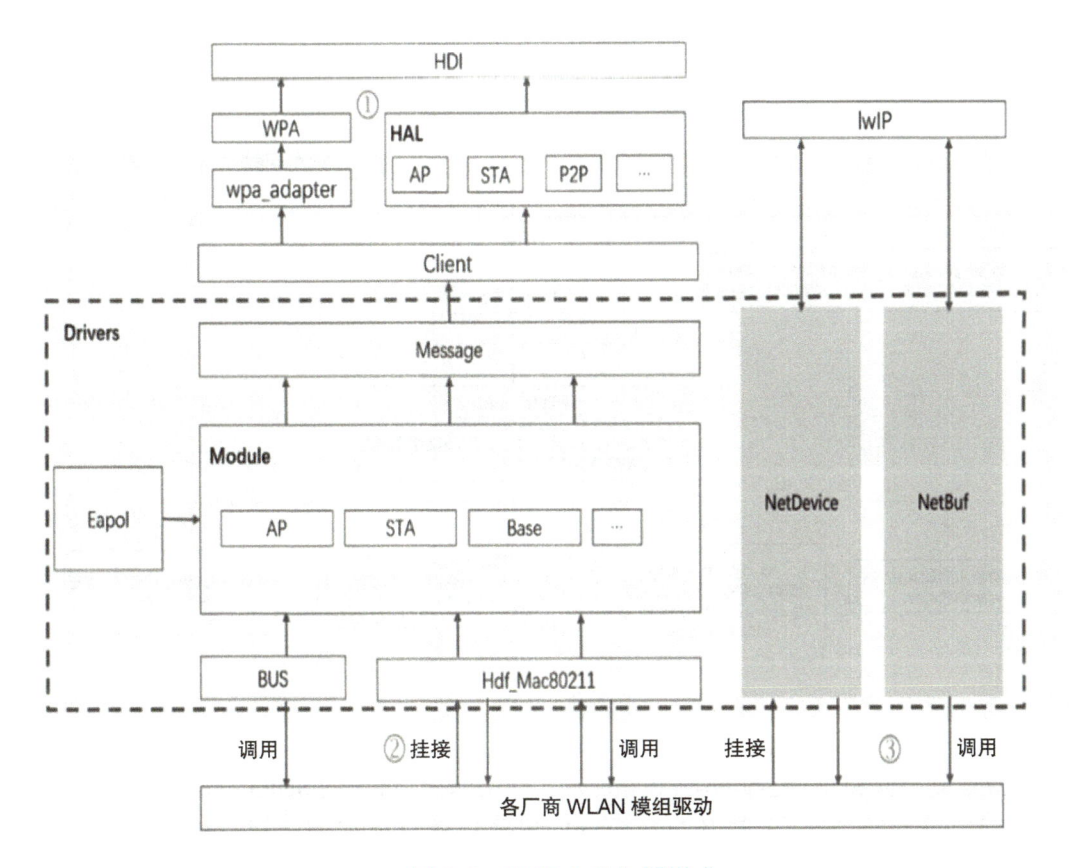

8.4.1 WLAN 驱动框架

WLAN 驱动框架组成如图 8-5 所示。

图 8-5 WLAN 驱动框架组成

8.4.2 ap6275s 驱动代码流程分析

驱动模块初始化流程分析如图 8-6 所示。

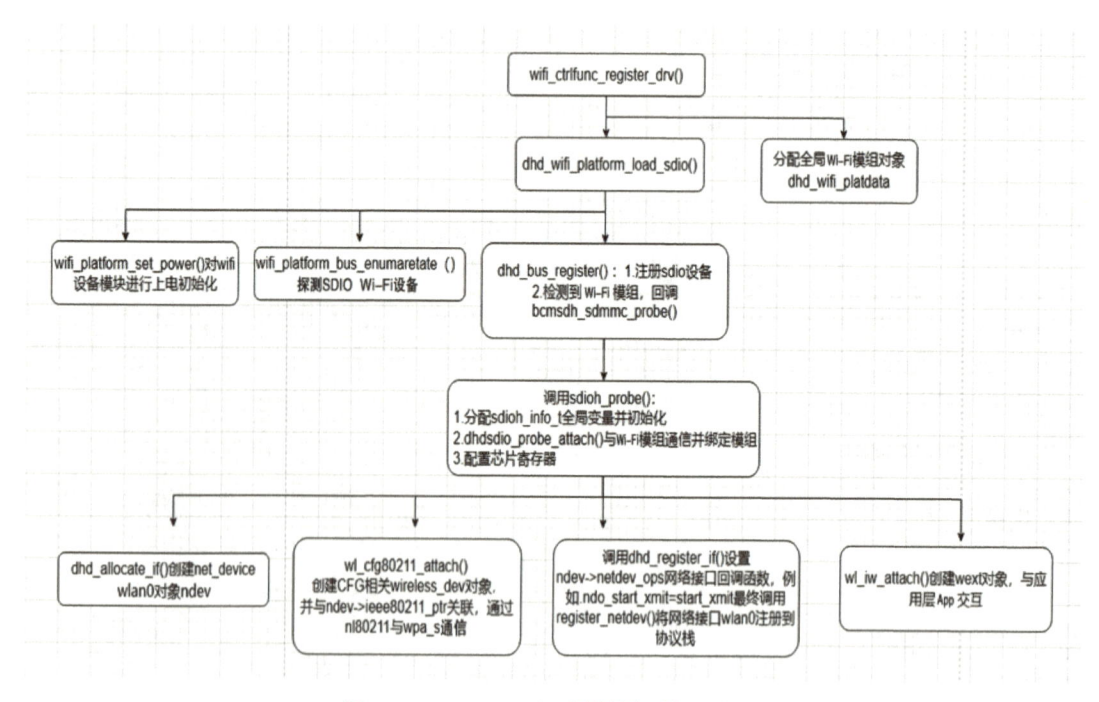

图 8-6 ap6275s 驱动模块初始化流程

ap6275s 是一款 SDIO 设备 Wi-Fi 模组驱动，使用标准 Linux 的 SDIO 设备驱动。内核模块初始化入口 module_init（）调用 dhd_wifi_platform_load_sdio（）函数进行初始化工作，这里调用 wifi_platform_set_power（）进行 GPIO 上电，调用 dhd_wlan_set_carddetect（）探测 SDIO 设备卡，最后调用 sdio_register_driver（&bcmsdh_sdmmc_driver）。进行 SDIO 设备驱动的注册，SDIO 总线已经检测到 Wi-Fi 模块设备，根据设备号和厂商号与该设备驱动匹配，所以立即回调该驱动的 bcmsdh_sdmmc_probe（）函数，进行 Wi-Fi 模组芯片的初始化工作，最后创建 net_device 网络接口 wlan0，然后注册到 Linux 内核协议栈中。

①创建 net_device 网络接口 wlan0 对象。dhd_allocate_if（）会调用 alloc_etherdev（）创建 net_device 对象，即 wlan0 网络接口。

②将 wlan0 注册到内核协议栈。

8.4.3 整改代码适配 HDF Wi-Fi 框架

对于系统 Wi-Fi 功能的使用，需要实现 AP 模式、STA 模式、P2P 三种主流模式，这里使用 wpa_supplicant 应用程序通过 HDF Wi-Fi 框架与 Wi-Fi 驱动进行交互，实现 STA 模式和 P2P 模式的功能，使用 hostapd 应用程序通过 HDF Wi-Fi 框架与 Wi-Fi 驱动进行交互，实现 AP 模式和 P2P 模式的功能。

ap6275s Wi-Fi6 内核驱动依赖 platform 能力，主要包括 SDIO 总线的通信能力。与用户态通信依赖 HDF Wi-Fi 框架的能力，在确保上述能力功能正常后，即可开始本次 Wi-Fi 驱动的 HDF 适配移植工作。本文档基于 RK3568 开源版代码为基础版本，来进行此次移植。

适配移植 ap6275s Wi-Fi6 驱动涉及的文件和目录如下。

（1）编译配置文件

① drivers/adapter/khdf/linux/model/network/wifi/Kconfig。

② drivers/adapter/khdf/linux/model/network/wifi/vendor/Makefile。

（2）Wi-Fi 驱动源码目录

原生驱动代码存放于 linux-5.10/drivers/net/wireless/rockchip_wlan/rkwifi/bcmdhd_wifi6 目录下。

在原生驱动上增加以及修改的代码文件位于 device/hihope/rk3568/wifi/bcmdhd_wifi6 目录下。

目录结构如下。

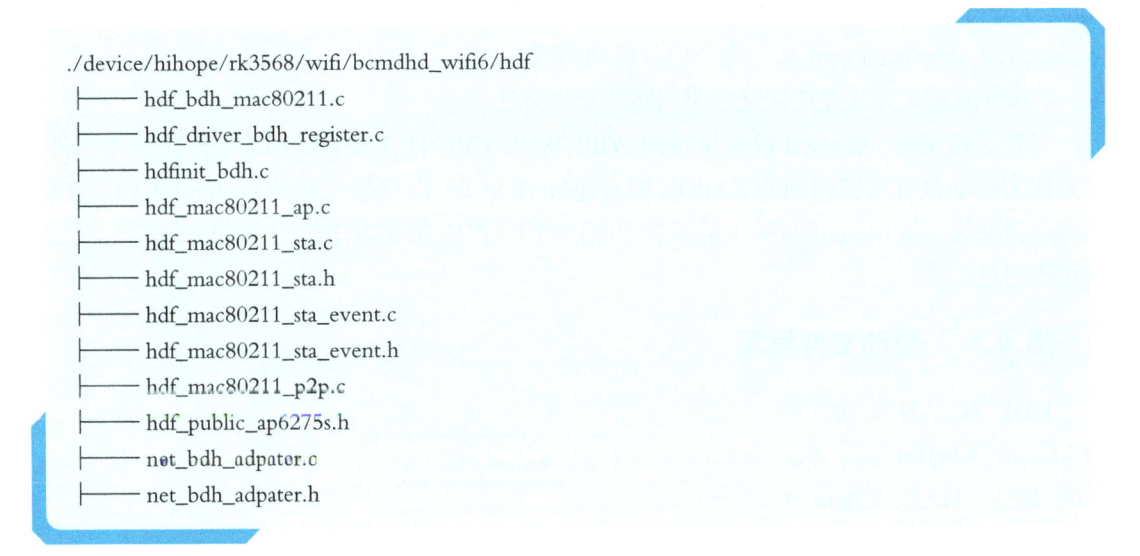

```
./device/hihope/rk3568/wifi/bcmdhd_wifi6/hdf
    ├── hdf_bdh_mac80211.c
    ├── hdf_driver_bdh_register.c
    ├── hdfinit_bdh.c
    ├── hdf_mac80211_ap.c
    ├── hdf_mac80211_sta.c
    ├── hdf_mac80211_sta.h
    ├── hdf_mac80211_sta_event.c
    ├── hdf_mac80211_sta_event.h
    ├── hdf_mac80211_p2p.c
    ├── hdf_public_ap6275s.h
    ├── net_bdh_adpater.c
    └── net_bdh_adpater.h
```

其中 hdf_bdh_mac80211.c 主要对 g_bdh6_baseOps 所需函数进行填充，hdf_mac80211_ap.c 主要对 g_bdh6_staOps 所需函数进行填充，hdf_mac80211_sta.c 主要对 g_bdh6_staOps 所需函数进行填充，hdf_mac80211_p2p.c 主要对 g_bdh6_p2pOps 所需函数进行填充，在 openharmony/drivers/framework/include/wifi/wifi_mac80211_ops.h 中有对 Wi-Fi 基本功能所需 API 的说明。

8.4.4 所有关键问题总结

（1）调试 AP 模块时，启动 AP 模式的方法

调试 AP 模块时，若无法正常开启 AP 功能，则需要使用 busybox 和 hostapd 配置 AP 功能，操作步骤如下。

```
ifconfig wlan0 up
ifconfig wlan0 192.168.12.1 netmask 255.255.255.0
busybox udhcpd /data/udhcpd.conf
./hostapd -d /data/hostapd.conf
```

（2）调试 STA 模块时，启动 STA 模式的方法

```
wpa_supplicant -iwlan0 -c /data/l2tool/wpa_supplicant.conf -d &
./busybox udhcpc -i wlan0 -s /data/l2tool/dhcpc.sh
```

（3）扫描热点事件无法上报到 wpa_supplicant 的解决办法

wpa_supplicant 应用程序启动时不能加 -B 参数后台启动，若 -B 后台启动的话，则调用 poll（）等待接收事件的线程会退出，因此无法接收上报事件。执行"wpa_supplicant -iwlan0 -c /data/wpa_supplicant.conf &"命令后台启动即可。

（4）wpa2psk 方式无法认证超时问题的解决方法

分析流程发现，hostapd 没有接收到 WIFI_WPA_EVENT_EAPOL_RECV = 13 这个事件，这是因为驱动没有将接收到的 EAPOL 报文通过 HDF Wi-Fi 框架发送给 hostapd 进程。在驱动接收报文后，调用 netif_rx（）触发软中断前将 EAPOL 报文发送给 HDF WiFi 框架，认证就可以通过。

8.4.5 驱动文件编写

HDF WLAN 驱动框架由 Module、NetDevice、Net-Buf、BUS、HAL、Client 和 Message 这七个部分组成。开发者在 Wi-Fi 驱动 HDF 适配过程中主要实现以下几部分功能。

（1）适配 HDF WLAN 框架的驱动模块初始化

代码流程框如图 8-7 所示。

代码位于 device/hihope/rk3568/wifi/bcmdhd_wifi6/hdf_driver_bdh_register.c 目录下。

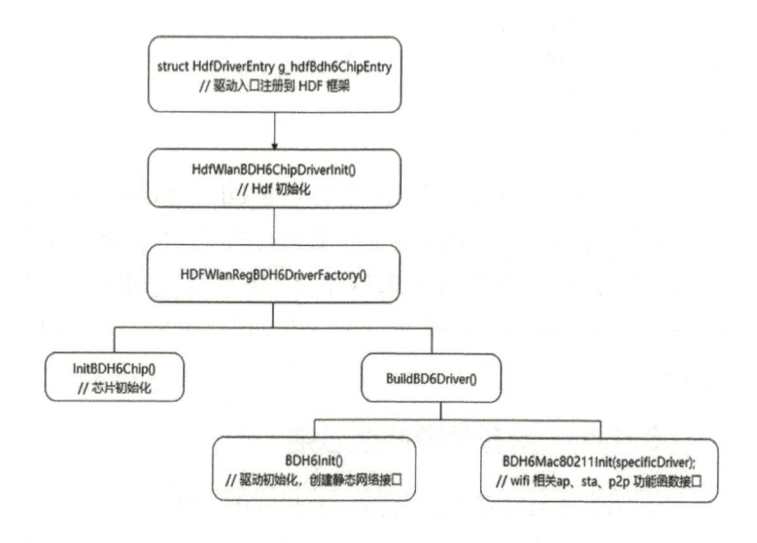

图 8-7　适配 HDF WLAN 框架的驱动模块初始化流程

```
struct HdfDriverEntry g_hdfBdh6ChipEntry = {
    .moduleVersion = 1,
    .Bind = HdfWlanBDH6DriverBind,
    .Init = HdfWlanBDH6ChipDriverInit,
    .Release = HdfWlanBDH6ChipRelease,
    .moduleName = "HDF_WLAN_CHIPS"
};
HDF_INIT(g_hdfBdh6ChipEntry);
```

在驱动初始化时会实现 SDIO 主控扫描探卡、Wi-Fi 芯片初始化、主接口的创建和初始化等工作。

（2）HDF WLAN Base 控制侧接口的实现

代码位于 hdf_bdh_mac80211.c 目录下。

```
static struct HdfMac80211BaseOps g_bdh6_baseOps = {
    .SetMode = BDH6WalSetMode,
    .AddKey = BDH6WalAddKey,
    .DelKey = BDH6WalDelKey,
    .SetDefaultKey = BDH6WalSetDefaultKey,
    .GetDeviceMacAddr = BDH6WalGetDeviceMacAddr,
    .SetMacAddr = BDH6WalSetMacAddr,
    .SetTxPower = BDH6WalSetTxPower,
    .GetValidFreqsWithBand = BDH6WalGetValidFreqsWithBand,
    .GetHwCapability = BDH6WalGetHwCapability,
    .SendAction = BDH6WalSendAction,
    .GetIftype = BDH6WalGetIftype,
};
```

上述实现的接口供 STA、AP、P2P 三种模式所调用。

（3）HDF WLAN STA 模式接口的实现

STA 模式调用流程如图 8-8 所示。

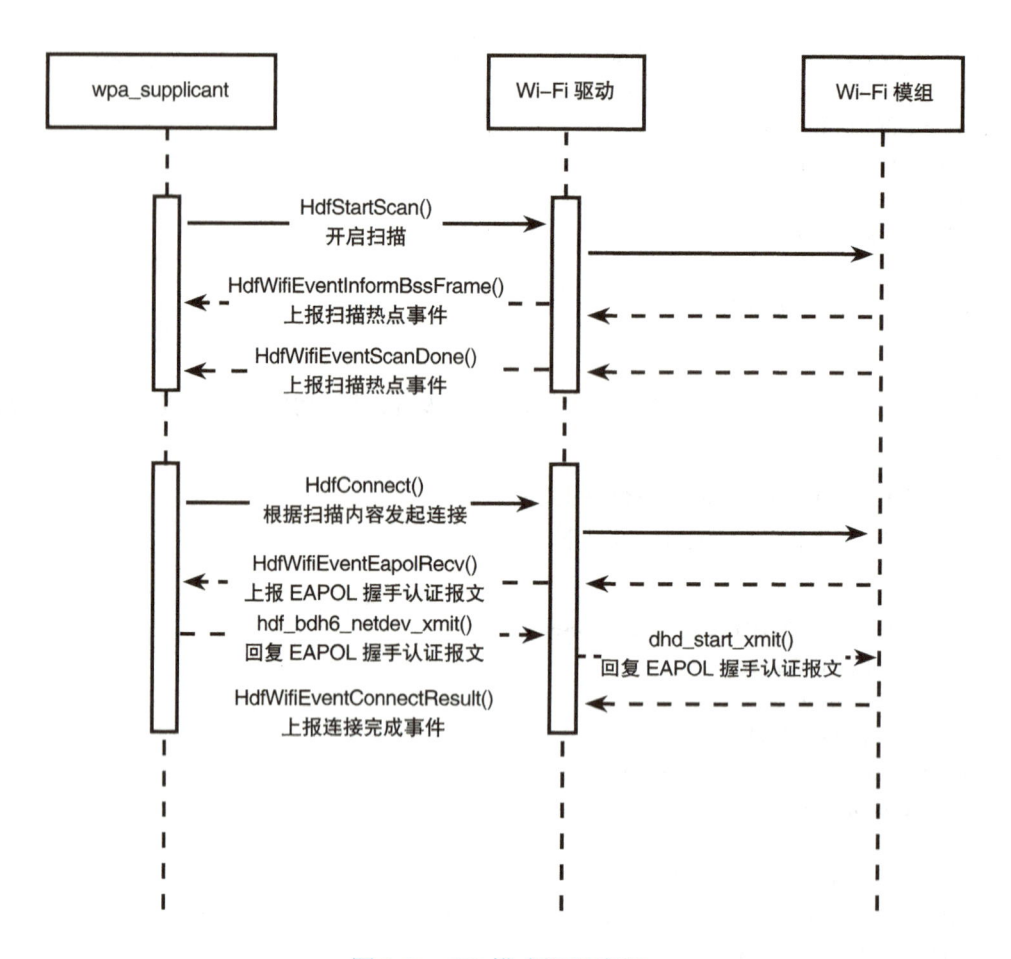

图 8-8　STA 模式调用流程

代码位于 hdf_mac80211_sta.c 目录下。

```
struct HdfMac80211STAOps g_bdh6_staOps = {
    .Connect = HdfConnect,
    .Disconnect = HdfDisconnect,
    .StartScan = HdfStartScan,
    .AbortScan = HdfAbortScan,
    .SetScanningMacAddress = HdfSetScanningMacAddress,
};
```

（4）HDF WLAN AP 模式接口的实现

AP 模式调用流程如图 8-9 所示。

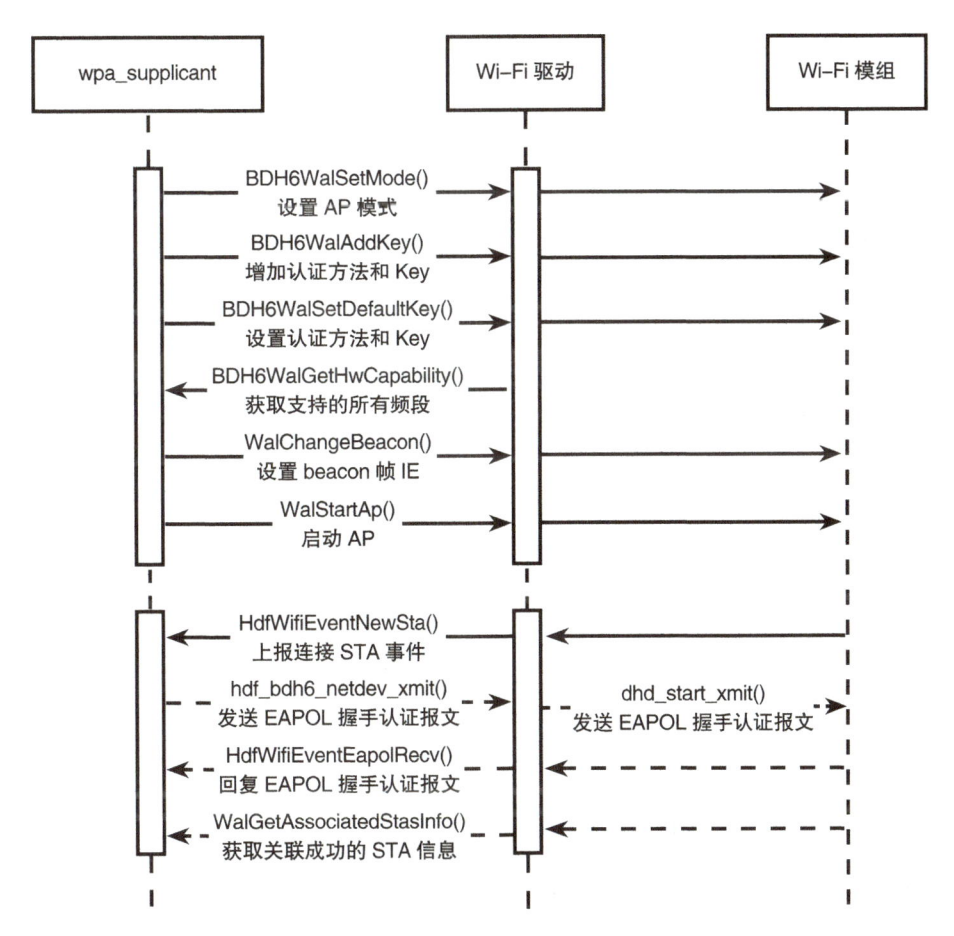

图 8-9 AP 模式调用流程

代码位于 hdf_mac80211_ap.c 目录下。

```
struct HdfMac80211APOps g_bdh6_apOps = {
    .ConfigAp = WalConfigAp,
    .StartAp = WalStartAp,
    .StopAp = WalStopAp,
    .ConfigBeacon = WalChangeBeacon,
    .DelStation = WalDelStation,
    .SetCountryCode = WalSetCountryCode,
    .GetAssociatedStasCount = WalGetAssociatedStasCount,
    .GetAssociatedStasInfo = WalGetAssociatedStasInfo
};
```

（5）HDF WLAN P2P 模式接口的实现

P2P 模式调用流程如图 8-10 所示。

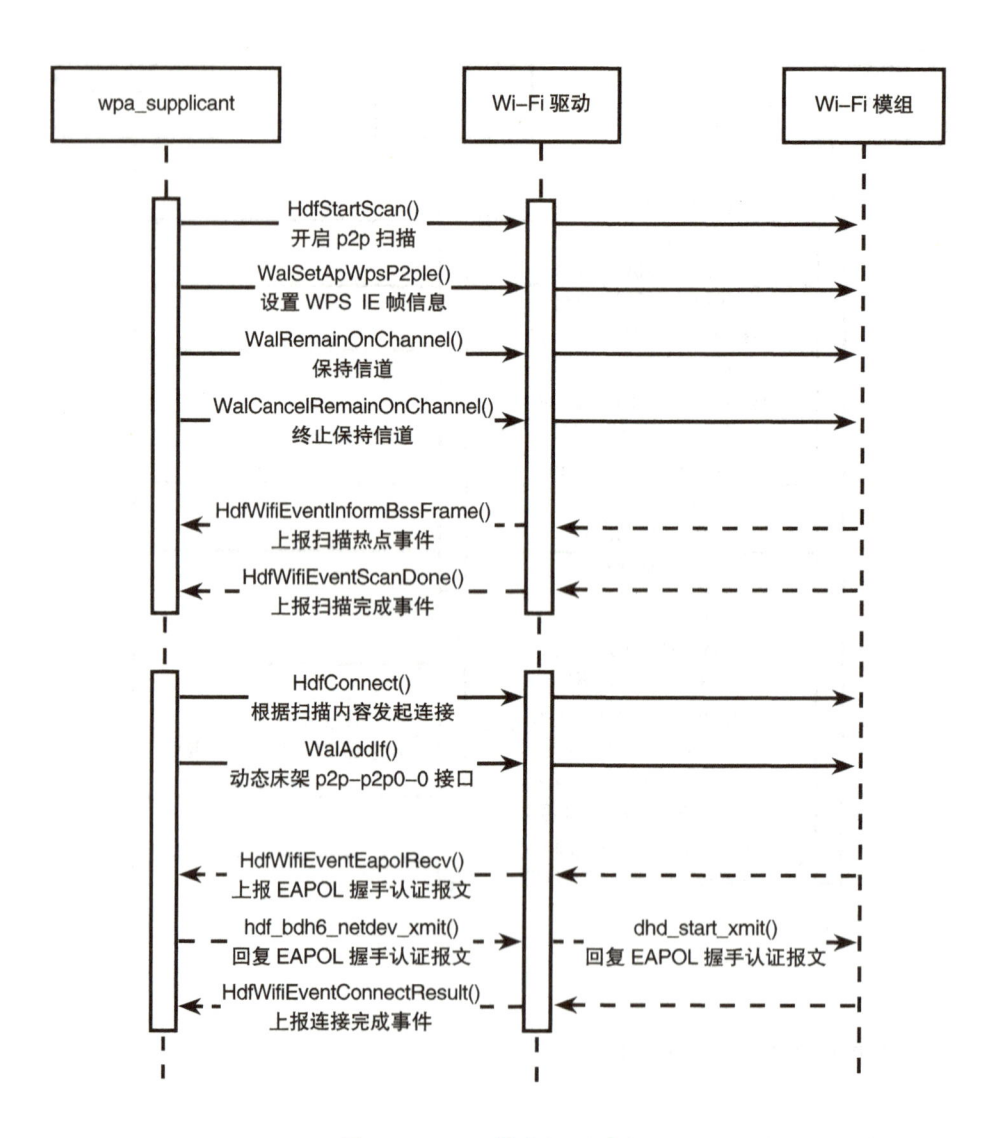

图 8-10　P2P 模式调用流程

```
struct HdfMac80211P2POps g_bdh6_p2pOps = {
    .RemainOnChannel = WalRemainOnChannel,
    .CancelRemainOnChannel = WalCancelRemainOnChannel,
    .ProbeReqReport = WalProbeReqReport,
    .AddIf = WalAddIf,
    .RemoveIf = WalRemoveIf,
    .SetApWpsP2pIe = WalSetApWpsP2pIe,
    .GetDriverFlag = WalGetDriverFlag,
};
```

（6）HDF WLAN 框架事件上报接口的实现

Wi-Fi 驱动需要上报事件给 wpa_supplicant 和 hostapd 应用程序，比如扫描热点结果上报，新 STA 终端关联完成事件上报等，HDF WLAN 事件上报的所有接口请参考 drivers/framework/include/wifi/hdf_wifi_event.h 文件，事件上报 HDF WLAN 接口主要如表 8-1 所示。

表 8-1 事件上报 HDF WLAN 接口

头文件 hdf_wifi_event.h 接口名称	功能描述
HdfWifiEventNewSta ()	上报一个新的 sta 事件
HdfWifiEventDelSta ()	上报一个删除 sta 事件
HdfWifiEventInformBssFrame ()	上报扫描 Bss 事件
HdfWifiEventScanDone ()	上报扫描完成事件
HdfWifiEventConnectResult ()	上报连接结果事件
HdfWifiEventDisconnected ()	上报断开连接事件
HdfWifiEventMgmtTxStatus ()	上报发送状态事件
HdfWifiEventRxMgmt ()	上报接受状态事件
HdfWifiEventCsaChannelSwitch ()	上报 Csa 频段切换事件
HdfWifiEventTimeoutDisconnected ()	上报连接超时事件
HdfWifiEventEapolRecv ()	上报 Eapol 接收事件
HdfWifiEventResetResult ()	上报 wlan 驱动复位结果事件
HdfWifiEventRemainOnChannel ()	上报保持信道事件
HdfWifiEventCancelRemainOnChannel	上报取消保持信道事件

8.4.6 连接成功日志

（1）STA 模式连接成功日志

```
WPA: Key negotiation completed with 50:eb:f6:02:8e6:d4 [PTK=CCMP GTK=CCMP]
06 wlan0: State: GROUP_HANDSHAKEc -> COMPLETED
wlan0: CTRL-E4VENT-CONNECTED - Connection to 50:eb:f6:02:8e:d4 completed 3[id=0 id_str=]
WifiWpaReceived eEapol done
```

(2) AP 模式连接成功日志

wlan0: STA 96:27:b3:95:b7:6e IEEE 802.1X: au:thorizing port
wlan0: STA 96:27:b3:95:b7:6e WPA: pairwise key handshake completed (RSN)
WifiWpaReceiveEapol done

(3) P2P 模式连接成功日志

P2P: cli_channels:
EAPOL: External notificationtion − portValid=1
EAPOL: External notification:tion − EAP success=1
EAPOL: SUPP_PAE entering state AUTHENTIwCATING
EAPOL: SUPP_BE enterilng state SUCCESS
EAP: EAP ent_ering state DISABLED
EAPOL: SUPP_PAE entering state AUTHENTICATED
EAPOL:n Supplicant port status: Authoorized
EAPOL: SUPP_BE entertaining IDLE
WifiWpaReceiveEapol donepleted − result=SUCCESS

\# ifconfig

lo   Link encap:Local Loopback
      inet addr:127.0.0.1 Mask:255.0.0.0
      inet6 addr: ::1/128 Scope: Host
      UP LOOPBACK RUNNING MTU:65536 Metric:1
      RX packets:12 errors:0 dropped:0 overruns:0 frame:0
      TX packets:12 errors:0 dropped:0 overruns:0 carrier:0
      collisions:0 txqueuelen:1000
      RX bytes:565 TX bytes:565

wlan0 Link encap:Ethernet HWaddr 10:2c:6b:11:61:e0 Driver bcmsdh_sdmmc
      inet6 addr: fe80::122c:6bff:fe11:61e0/64 Scope: Link
      UP BROADCAST RUNNING MULTICAST MTU:1500 Metric:1
      RX packets:0 errors:0 dropped:0 overruns:0 frame:0
      TX packets:0 errors:0 dropped:0 overruns:0 carrier:0
      collisions:0 txqueuelen:1000
      RX bytes:0 TX bytes:0

p2p0   Link encap:Ethernet HWaddr 12:2c:6b:11:61:e0
      inet6 addr: fe80::102c:6bff:fe11:61e0/64 Scope: Link
      UP BROADCAST RUNNING MULTICAST MTU:1500 Metric:1

```
RX packets:0 errors:0 dropped:0 overruns:0 frame:0
TX packets:0 errors:0 dropped:0 overruns:0 carrier:0
collisions:0 txqueuelen:1000
RX bytes:0 TX bytes:0

p2p-p2p0-0 Link encap:Ethernet HWaddr 12:2c:6b:11:21:e0 Driver bcmsdh_sdmmc
    inet6 addr: fe80::102c:6bff:fe11:21e0/64 Scope: Link
    UP BROADCAST RUNNING MULTICAST MTU:1500 Metric:1
    RX packets:0 errors:0 dropped:9 overruns:0 frame:0
    TX packets:0 errors:0 dropped:0 overruns:0 carrier:0
    collisions:0 txqueuelen:1000
    RX bytes:0 TX bytes:0
```

参考文献：

[1] 李传钊. 深入浅出 OpenHarmony：架构、内核、驱动及应用开发全栈 [M]. 北京：中国水利水电出版社，2021.

[2] 梁开祝. 沉浸式剖析 OpenHarmony 源代码：基于 LTS 3.0 版本 [M]. 北京：人民邮电出版社，2022.